聆听花开的声音

万虹 主编

吉林出版集团有限责任公司

图书在版编目（CIP）数据

聆听花开的声音 / 万虹主编 .—长春：吉林出版集团有限责任公司，2011.9

（心之语系列）

ISBN 978-7-5463-5767-6

Ⅰ.①聆… Ⅱ.①万… Ⅲ.①人生哲学-少年读物 Ⅳ.①B821-49

中国版本图书馆 CIP 数据核字（2011）第 128967 号

聆听花开的声音

作　　者　万　虹　主编
责任编辑　孟迎红
责任校对　赵　霞
开　　本　710mm×1000mm　1/16
字　　数　250 千字
印　　张　15
印　　数　1-5000 册
版　　次　2011 年 9 月第 1 版
印　　次　2018 年 2 月第 1 版第 2 次印刷
出　　版　吉林出版集团股份有限公司
发　　行　吉林音像出版社有限责任公司
　　　　　　吉林北方卡通漫画有限责任公司
地　　址　长春市泰来街 1825 号
　　　　　　邮　编：130062
电　　话　总编办：0431-86012906
　　　　　　发行科：0431-86012770
印　　刷　北京龙跃印务有限公司

ISBN 978-7-5463-5767-6　　　　定价：39. 80 元

代　序

只要努力，就能飞翔

19世纪末，一位穷苦的牧羊人带着两个孩子替别人放羊。他们赶着羊群来到一座山坡上，忽然看到了一群大雁从天空飞过，那么自由自在。牧羊人的小儿子问父亲：“为什么大雁会飞呢?”牧羊人一开始并不理解孩子的问题，简单地回答说：“大雁每年的这个时候都会往南飞，它们要去一个温暖的地方，在那里安家，好度过这个寒冷的冬天。”大儿子羡慕地说：“大雁可真厉害，能在那么高的地方飞，如果我们也能飞就好了。”小儿子也赞同地点了点头。

牧羊人惊呆了一下，才明白孩子们原来是在羡慕大雁呢。他笑着对两个孩子说：“只要你们想，并为之付出努力，你们也能飞起来。”

两个孩子牢牢地记住了父亲的话，并一直不懈地努力着，长大以后便开始了他们的机械航空试验。从1900年至1902年期间，他们除了进行1000多次滑翔试飞之外，还自制了200多个不同的机翼进行了上千次风洞实验。他们废寝忘食地工作着，不久便设计出了一种性能优良的发动机和高效率的螺旋桨，然后成功以把各个部件组装成了世界上第一架动力飞机。

这兄弟俩就是美国著名的莱特兄弟。1903年，他们制造出了第一架依靠自身动力进行载人飞行的飞机“飞行者”1号，这是人类历史上第一次驾驶飞机飞行成功，莱特兄弟把这个消息告诉报社，可报社不相信有这种事，拒

不发布消息。莱特兄弟并不在乎，继续改进他们的飞机。不久，兄弟俩又制造出能乘坐两个人的飞机，并且，在空中飞了一个多小时。

1908 年 9 月 10 日，天气异常晴朗，飞机飞行的场地上围满了观看的人们。人家兴致勃勃，等待着莱特兄弟的飞行。10 点左右，弟弟奥维尔驾驶着他们的飞机，在一片欢呼声中，自由自在地飞向天空，两支长长的机翼从空中划过，恰似一只展翅飞翔的雄鹰。

人们再也抑制不住他们的激动心情，昂首天空，呼唤着莱特兄弟的名字，多少人的梦想终于变为现实。

目　录

第一辑　生活中总有属于你的位置 ………………… 1

人生之路，不会总有枝繁叶茂的树，鲜艳夺目的花朵，蝶飞蜂舞的美好景色，也会有阻挡在前的高山和荒凉的沙漠；不会总有阳光照耀下缤纷的色彩，也会有阴天时的迷雾重重；生活不仅有灿烂的笑颜，还会有无言的泪水，任谁也无法轻松的跨越。只要拥有平淡的真实，才会真正懂得品味人生，舒发人生，才会拥有自我，心存淡泊。

第二辑　请在泪水中坚强 ………………………… 49

每个人从小的心底都有一朵盛开的花，为执着而绽放，因磨砺而鲜艳，因坚强而美丽。然而，没有谁的人生是一帆风顺的，困难、伤害在所难免。每一次历练都是经验的累积，每一次磨难都是一种宝贵的人生体验，都是一颗跳动的生命音符。

第三辑 用爱来浇灌生命 …………………………… 91

从那天开始，男孩儿慢慢变得乐观向上起来。一天晚上，小男孩躺在床上睡不着，看着窗外那明亮皎洁的月光，忽然想起生物老师曾说过的话：植物一般都在晚上生长，何不去看看自己种的那颗小树。当他轻手轻脚来到院子里时，却看见父亲用勺子在向自己栽种的那棵树下泼洒着什么。顿时，一切他都明白了，原来父亲一直在偷偷地为自己栽种的那颗小树施肥！他返回房间，任凭泪水肆意地奔流……

第四辑 人生如水 …………………………………… 131

人生如水，我们既要尽力适应环境，也要努力改变环境，实现自我。我们应该多一点任性，能够在必要的时候弯一弯，转一转，因为太坚硬容易折断。惟有那些不只是坚硬，而更多一些柔韧，弹性的人，才可以克服更多的困难，战胜更多的挫折。

第五辑 命的高度 …………………………………… 171

生命，赋予每个人只有一次，弥足珍贵，但有些人却在生死抉择时舍弃自己的生命去追求更高尚的，在他们看来更可贵的东西是爱情、正义、他人的生命……正是这一次次心灵的选择洗掉了人类这个物种因物欲而蒙上的恶名，铸就了你坚韧而又脱俗的性格，塑造了你高贵而又圣洁的灵魂，堆砌了你生命的一段段高度。

第一辑　生活中总有属于你的位置

人生之路，不会总有枝繁叶茂的树，鲜艳夺目的花朵，蝶飞蜂舞的美好景色，也会有阻挡在前的高山和荒凉的沙漠；不会总有阳光照耀下缤纷的色彩，也会有阴天时的迷雾重重；生活不仅有灿烂的笑颜，还会有无言的泪水，任谁也无法轻松的跨越。只要拥有平淡的真实，才会真正懂得品味人生，舒发人生，才会拥有自我，心存淡泊。

有希望才有动力

一个人的身体可以残疾，但是他们的心灵绝对不能够残疾，只要拥有心中的希望，即使置身于茫茫的黑夜，也一定能够坚定的走下去，只为前方那不灭的光亮。

汶川地震过后，我和朋友们一见面话题就离不开那些在废墟中坚强求生的人们。那是一种对生的渴望，在平安的生活中，也有这样为了心中的目标而不懈努力的人们，他们也和那些废墟中的生命一样值得我们尊敬。

有这样一个小男孩，刚出生就因为身体状况虚弱而在医院抢救，两个月后，医生宣布他将再也看不到这个世界了。但是小男孩的父母并没有因此放弃他。儿子一岁左右的时候，他们发现只要一有音乐声响起，小男孩就手舞足蹈起来，看来这个失明的孩子对于音乐似乎是情有独钟。尽管家里非常贫困，父母还是在生日那天为他买了一台100元的电子琴。不料没几天他就掌握了电子琴的全部功能，甚至能弹一些简单的曲子来，也没有人教他。父母非常惊讶，决心让他接受正规的音乐教育。并到当地的盲校为他找了一位启蒙老师，专门教他弹电子琴。因为眼睛看不见，他比别的孩子就要多下几十倍甚至几百倍的功夫，即使是简单的琴谱，他都要偷着练上上百遍，但他并不因此而失去信心，因为他的弹琴水平从来没有落在过别的小朋友的后面，连老师都为他的进步感到惊奇。

慢慢的，他的音乐天赋开始在众多孩子中脱颖而出，电子琴的弦音，已经不能让他充分表达出自己对音乐的诠释。从那时起，他就开始梦想着能拥有一架钢琴。父母为了让孩子能有更好的发展，用家里几年来全部的积蓄为他买了一架二手的钢琴，当手指触摸到琴弦的那一刻，他激动地哭了。从此他练琴更刻苦了。他在钢琴上的演奏如鱼得水，渐渐的他也在老

师的推荐下陆续参加了一些比赛，并在省级钢琴演奏比赛上获得了非常优异的成绩。

1990年9月，中国残疾人艺术团正式邀请他加入，他找到了适合自己的位置，在他的演奏生涯中多次随团出国巡演。在奥地利维也纳联合国议会大厅演出时，他出色的演奏，引起了强烈反响，每一首曲子都是他心的乐章。联合国社会发展中心主席索尔卡斯基激动地说："请大家注意，这将是一个非常了不起的孩子！"

曾经他只是一个盲童，如今他已经熟悉掌握了11套大型乐曲，40余首钢琴小调，还成功举办了两场个人音乐会。这个人就是金元辉，19岁的盲人青年钢琴家。

记者在采访他时，曾问过他一个"敏感"的话题："你曾经为自己看不到这个世界而感到缺憾吗?"

他平静地回答说："缺憾会有，但它动摇不了我的志向；眼睛的缺憾，使我拥有了一双更加'优越'的耳朵和一团希望的火光。"

没有人能够否认，这个男孩是坚强的，如同贝多芬一样，他终有一天也会成为世界级的音乐大师齐名。这与他的奋斗是分不开的。一个人的身体可以残疾，但是他们的心灵绝对不能够残疾，只要拥有心中的希望，即使置身于茫茫的黑夜，也一定能够坚定的走下去，只为前方那不灭的光亮。

（佚名）

成功的信念

事实上，青年并未遇到过大的困难，可他却总是把自己推向“绝境”，企图在每一次背水一战中充分实现自己的价值。

上个世纪80年代末，大学生的数量可谓是凤毛麟角，找一份优越的工作是一件十分容易的事。有一个毕业于中山大学的青年，就被幸运地分配到了一个冰箱厂，工厂付给他当时令人眼红的400元月薪，400元在那个年代是一笔相当可观的收入。

然而，令所有人没有想到的是，在冰冻箱厂工作了三个月后，青年就放弃了这份来之不易的高薪工作，考取了中科院的研究生。

拿到硕士文凭之后，青年本可以找一份待遇优厚的工作，然而他的选择再一次出人意料，他来到了当时工资很低的联想公司，最初的月工资只有300元。

于是，很多亲友对此都十分不理解：“你读了三年书，现在和在冰箱厂有什么差别?”然而青年却不以为然。

在联想公司工作了一年以后，青年拿着中山大学本科、中科院硕士和联想工作一年的学习工作简历，应聘于新加坡的一家多媒体公司，从30个中国面试者中脱颖而出，拿到相当于一万元人民币的薪酬，开始了为期6年的异国打工生活。

在新加坡，他的工作跟青年的理想仍然存在差距，他先后在3家软件公司任职，后来还进了有名的飞利浦亚太地区总部。他不断地跳槽，但人们知道他绝不是因为钱。

事实上，青年并未遇到过大的困难，可他却总是把自己推向“绝境”，企图在每一次背水一战中充分实现自己的价值。最后，居然再一次辞掉了高薪

工作，决定自己创业。

几年后，青年已经步入了中年，他的事业也取得了巨大的成功，他就是被IT业界誉为“闪存盘之父”的朗科公司创始人邓国顺。

（佚名）

君子之争

单纯而充满关怀的人类之爱，是真正永不磨灭的运动员精神，所创的世界纪录终有一天会被后起的新秀突破，但这种运动员精神永不磨灭。

1936年的柏林，希特勒对12万观众宣布奥运会开始。他要借世人瞩目的奥运会，证明雅利安人种的优越。

当时田径赛的最佳选手是美国的杰西·欧文斯。但德国有一个跳远项目的王牌选手鲁兹·朗，希特勒要他击败杰西·欧文斯——黑色人种的杰西·欧文斯，以证明他的种族优越论——种族决定优劣。

在纳粹的报纸一致叫嚣把黑人逐出奥运会的声浪下，杰西·欧文斯参加了4个项目的角逐：100米、200米、4×100米接力和跳远。跳远是他的第一项比赛。

希特勒亲临观战。鲁兹·朗顺利进入决赛。轮到杰西·欧文斯上场，他只要跳得不比他最好成绩少过半米就可进入决赛。第一次，他逾越跳板犯规；第二次他为了保险起见从跳板后起跳，结果跳出了从未有过的坏成绩。

他一再试跑，迟疑，不敢开始最后的一跃。希特勒起身离场。

在希特勒退场的同时，一个瘦削、有着湛蓝眼睛的雅利安人种德国运动员走近欧文斯，他用生硬的英语介绍自己。其实他不用自我介绍，没人不认识他——鲁兹·朗。

鲁兹·朗结结巴巴的英文和露齿的笑容松弛了杰西·欧文斯全身紧绷的神经。鲁兹·朗告诉杰西·欧文斯，最重要的是取得决赛的资格。他说他去年也曾遭遇同样情形，用了一个小诀窍解决了困难。果然是个小诀窍，他取下杰西·欧文斯的毛巾放在起跳板后数英寸处，从那个地方起跳就不会偏失太多了。杰西·欧文斯照做，几乎打破了奥运会纪录。几天后决赛，鲁兹·朗破了世界纪录，但随后杰西·欧文斯以微弱优势战胜了他。

贵宾席上的希特勒脸色铁青，看台上情绪昂扬的观众倏忽沉静。赛场中，鲁兹·朗跑到杰西·欧文斯站的地方，把他拉到聚集了12万德国人的看台前，举起他的手高声喊道："杰西·欧文斯！杰西·欧文斯！杰西·欧文斯！"看台上经过一阵难挨的沉默后，忽然齐声爆发："杰西·欧文斯！杰西·欧文斯！杰西·欧文斯！"杰西·欧文斯举起另一只手来答谢。等观众安静下来后，他举起鲁兹·朗的手朝向天空，声嘶力竭地喊道："鲁兹·朗！鲁兹·朗！鲁兹·朗！"全场观众也同声响应："鲁兹·朗！鲁兹·朗！"

没有诡谲的政治，没有人种的优势，没有金牌的得失，选手和观众都沉浸在君子之争的感动里。

杰西·欧文斯创造的8.06米的纪录保持了24年。他在那次奥运会上荣获4面金牌，被誉为世界上最伟大的运动员之一。

多年后杰西·欧文斯回忆说，是鲁兹·朗帮助他赢得4面金牌，而且使他了解，单纯而充满关怀的人类之爱，是真正永不磨灭的运动员精神，所创的世界纪录终有一天会被后起的新秀突破，但这种运动员精神永不磨灭。

（佚名）

人民银行家

查普佩埃对摇摆不定的人的忠告简短且直截了当：相信自己，坚持不懈，意志坚定地完成你的目标。

埃玛·查普佩埃是费城联合银行的创使人，费城人非常熟悉她并亲切地称她为“人民的银行家”。查普佩埃是个身材高大的黑人妇女，精力旺盛、富有生气，比一般的银行首席执行官要幽默得多。在费城，联合银行和独立钟一样是费城的标志。

查普佩埃刚满14岁时，她的母亲去世了。失去母亲之后，除了父亲乔治外，对她影响最大的要数她的牧师了。这可不是个一般的牧师，而是利昂·沙利文博士，费城基督教浸礼会的大主教，后来因把道德准则从布道坛带入商界而闻名。

在查普佩埃16岁就快高中毕业时，沙利文问她打算做什么。“我告诉他我想找份工作，因为我不能马上进大学。”沙利文决定亲自对她进行能力倾向的测试。他发现查普佩埃在数学方面成绩突出，沙利文说：“我知道有个工作适合你！”他要她考虑去银行做事，一个当时在费城很少有黑人能介入的领域。他为她做了所有必须的引荐和安排。她开始在大陆银行工作，周薪45美元，负责给客户的支票和存款单拍照。那时她18岁。她说，从她进银行的那一刻起，她便喜欢上了银行的一切。她喜欢数钱，喜欢跟钱打交道，喜欢观看人们从出纳员手中接过钱时脸上的表情。最重要的是，她喜欢金钱的行善能力：掌握着金钱并以此来帮助人们获得更多的金钱，还有比这更快乐的吗?

很快她便做了出纳员，她说，“在我提升的过程中，每个工作都让我有机会看到金钱是如何影响人们的生活的。”

1975年，她被任命为小企业管理部门的联络人，把约3000万美元的贷款

贷给少数种族所属的企业和妇女开办的企业。在这些年当中，她结了婚，生了两个女儿，又同丈夫分了手，还差点死于脑膜炎。这段经历使她再次相信，上帝让她到这个世上来是有他的目的的，还没有到结束的时候。

1977年查普佩埃34岁时成为大陆银行历史上第一位黑人副总裁，并且是费城金融界担任副总裁的第一位妇女。她开始梦想有一天创建一个自己的银行，一个致力于满足少数种族的需求的银行。

1983年，杰西·杰克逊请查普佩埃做他的总统竞选的财务主管。她无法拒绝这样的机遇。查普佩埃说，这使她再一次了解了金钱的创造性的力量：正是金钱使杰克逊竞选活动中的一切成为可能。她本来是可以把一些工作交给别人去做的，但她却亲自过问，做到所有该付的账都付清。她说："我努力让可敬的杰克逊一身轻松、快乐无忧，他从不用担心资金方面的问题，每分钱我都能解释清楚。"

这段经历对查普佩埃来说是非常可贵的。1984年的竞选后，她还清了所有的竞选债务，并且帮助杰克逊建立了彩虹联盟。她说："我成为了彩虹联盟的第一任行政副总裁。同样，我去了每个城市以确保所有的账目和记录都正确无误。"在1987年，她得出这样一个结论：只有银行业而不是政治才会让她为大多数人做更多好事。于是她回到了大陆银行任副总裁。杰克逊同意了。他感到查普佩埃在金融方面将会和他在政治方面可能取得的成就一样伟大。

不久，一些律师和投资银行家找到她。他们也想开办一家以少数种族为主要借贷对象的银行，他们认为查普佩埃是启动这件事的最佳人选。然而在1987年10月，市场突然崩溃了，资金也枯竭了。没有人做任何的投资，更别提开银行了。

这样一来，从财政的角度说，她不但没有进展，还陷入了困境。

在研究中查普佩埃发现，在过去的那些年里，至少已有5次开办这种银行的尝试，但都以失败告终。

查普佩埃没有被困难吓倒，而是继续同支持者和顾问们会晤。1989年，在律师的帮助下，她整理了一个股票宣传单。她到社区去发表演说，出售股票。

为了筹到钱，她还组织家制糕饼义卖和擦洗汽车等活动。最终，她筹集了300万美元，但她要筹集500万才行。

她不断地祈祷着，她回想起她曾经经历过的许多危机：她母亲的去世、她自己的临终体验等。“我认为上帝把我带到了这么远的地方，他不会抛下我不管的。”她微笑着说。

她决定她要继续下去。但是，她怎么才能筹集到另外的200万美元呢？

她发现，许多小的社区银行都是由大银行投资开办的，大银行借此来实现它们自己的目的，比如达到“社区再投资法案”的要求。她开始去找银行家朋友，结果令人相当满意。她拿到的第一张10万美元的支票，是她的老雇主大陆银行给的。别的银行也捐助了相近的数额。

查普佩埃想到了一条新的策略：她可以在布道坛上向全体教徒直接筹集资金。查普佩埃成了金融福音传递者。从1989年到1991年，她几乎走访了费城的所有教堂。

1991年12月31日是她的最后期限。州政府曾提醒过她，如果在这天之前她筹集不到500万美元，她就得不到特许状。

这一天悄然逼近了。很多投资人在听说了她的困境之后，纷纷斥资前往。最后，她筹集到了600万美元，比要求的整整多出了100万。

与此同时，她本人却破了产。在筹备期间，她一直靠自己的积蓄生活，拒绝从筹集到的资金中支付她自己的薪水。从12月31日的最后期限到1992年银行开张之间的6个月中，她的积蓄已所剩无几。

朋友们借钱给她度日。她笑着说：“还好，我的账单不多。不过我还是已经找好了我的通风口，你见过街上那些无家可归的人吧？他们躺在通风口上面取暖，免得受冻。我给自己找的通风口就在我选的银行行址的前面。”她筹到了600万美元，她赶上了最后的期限，她用自己的名誉和清偿能力来冒险。

银行业管理机构终于同意签署特许状。但是下一步得拿到联邦储蓄保险公司的保险，没有这个保险，银行一样办不成。可保险就是办不下来。她在电话里说：“我已经雇了人，我们的办公室也选好并装修好了，我们就等着开业了，如果你们不给我们上保险，我会告诉3000个股东，他们应该亲自到你们的办公室去，去拿他们的保险。”

这一招真管用。他们用了联邦快递的速度来办理这事。她笑了起来，说：“我猜他们可能想像得出，如果3000个黑人都跑到他们的办公室去要保险，那会是什么样的情景。”

1992年3月23日，联合银行正式开业了。查普佩埃回忆说，杰克逊做了精彩的讲话，州长来了，爱德华·瑞德尔市长来了，市议会的议员来了，各界名流都来了。最后，还有银行的真正的荣誉嘉宾——那些用他们的金钱撑起了查普佩埃的梦想的小投资者们。

从那以后，荣誉纷至沓来。她拥有了法律、民法和人文方面的荣誉学位。1999年，美国商会授予她威望甚高的BlueChip企业奖，此项奖是表彰那些面对困难勇往直前的企业界人士。

查普佩埃对摇摆不定的人的忠告简短且直截了当：相信自己，坚持不懈，意志坚定地完成你的目标。

（佚名）

一张纸的命运

起初多么不起眼的一张纸片，我们以消极的态度去看待，就会使它变得一文不值。但如果我们以积极的心态对待它，给它一些希望和力量，纸片就会起死回生。

期中考试后的一天，一位老教授在课堂上点名让一个学生站起来回答问题。这名学生他一向都很欣赏，可是，他居然答错了。

课间休息时，他特地找到那个学生询问了一下情况。原来这个学生有好几门功课都考得一塌糊涂，很担心，所以闷闷不乐。老教授听了之后，什么

也没说。

下节课开始的时候，教授又把他叫了起来，教授从讲义夹中取出一张白纸扔到地上，问他："这张纸有几种命运？"

那名学生一时愣住了，没想到教授居然会问这么奇怪的问题。过了好一会儿，他才回答："扔到地上就变成了一张废纸，这就是它的命运。"

教授不置可否，又当着大家的面在那张纸上踩了几脚，纸上立刻就沾满了灰尘和污垢。然后，教授又请这位同学回答："这张纸有几种命运？"

"这张纸现在变成废纸了。"那名学生皱着眉头说。

教授没有说话，弯腰捡起那张纸，把它撕成两半后又扔在地上，请那名学生回答同样的问题。学生们都被教授的举动弄糊涂了，不知道他到底要说什么。那个学生红着脸回答："它还是一张废纸。"

教授不动声色地捡起撕成两半的纸，很快在上面画了一幅人物素描，还配了一首诗，而刚才踩下的脚印恰到好处地变成了少女裙摆上美丽的褶皱。这时，教授举起画问那位同学："现在请你回答，这张纸的命运是什么？"

那名学生一下子明白了教授的意思，干脆利落地回答："您赋予了这张废纸希望，使它有了价值。"教授脸上露出一丝笑容。

最后，教授说："大家都看见了吧，起初多么不起眼的一张纸片，我们以消极的态度去看待，就会使它变得一文不值。但如果我们以积极的心态对待它，给它一些希望和力量，纸片就会起死回生。一张纸片是这样，一个人也是这样啊。"

（佚名）

一诺千金

间徵听了鄂俞的这番话，更是厌恶这个小人。间徵当下便责问鄂俞为什么诬陷朱家，并手起刀落为朱家报了血海深仇。为此，间徵被罢官发配充军。

秦朝末年，在楚地有一个叫间徵的人，性情耿直，为人侠义好助，是远近闻名的大侠士。只要是他答应朋友的事情，无论多么困难，间徵都设法办到，从来没有失信过。

后来，楚汉相争时，间徵成为项羽的部下，曾几次献策，使刘邦的军队吃了败仗。后来，刘邦当了皇帝后，想起这事，就气恨不已，想要捉拿间徵问罪。

间徵为人侠义，很多朋友都在暗中帮助他。间徵经过化装后到山东一家姓朱的人家当佣工。朱家明知他是间徵，仍收留了他，并将其当作上宾一样招待。间徵很感谢朱家的收留之恩，于是发下誓言：一定要报答朱家的厚恩。

后来，朱家又到洛阳去找刘邦的老朋友汝阴候夏侯婴说情。刘邦在夏侯婴的劝说下撤消了对间徵的通缉令，还封间徵做了郎中，不久又改做河东太守。

后来，朱家遭小人诬陷，全家受到牵连，沦为囚犯。

诬陷朱家的人便是间徵的同乡人鄂俞，此人专爱结交有权势的官员，借以炫耀和抬高自己，间徵一向看不起他。听说间徵又做了大官，他就马上去见间徵。间徵心想报答朱家的机会来了——

间徵听说鄂俞要来，就虎着脸，准备发落几句话，让他下不了台。谁知鄂俞一进厅堂，不管间徵的脸色多么阴沉，话语多么难听，立即对着间徵又是打躬，又是作揖，要与间徵拉家常叙旧。并吹捧说：“我听到楚地到处流

传着‘得黄金千两，不如得闾徵一诺’这样的话。”

闾徵听了鄂俞的这番话，更是厌恶这个小人。闾徵当下便责问鄂俞为什么诬陷朱家，并手起刀落为朱家报了血海深仇。为此，闾徵被罢官发配充军。

（佚名）

不存在的障碍

我没有什么礼物送给你们，只是想通过这个游戏让你们明白：在人生中，有些你以为的障碍，其实并不存在。而最大的障碍，就在你们自己的心中。

在一所大学的毕业典礼上，平时总是一脸严肃的老校长忽然说：“今天，大家就要离开学校了，让我们一起来做个游戏吧！名字叫做障碍赛。”

然后，他指挥着学生，在礼堂中间拦上一高一低两根绳子，又在讲台跟前摆上了几把椅子。

这是在学校的最后一天，所以学生们都很踊跃，就连平时害羞胆小的学生也举起了手。老校长随机选取了五名学生，并宣布了游戏规则。

游戏是这样的：参赛选手要蒙上眼睛，先后要钻过、跨过这两根绳子，然后从椅子中间穿过去，再走上讲台。在这个过程中，身体任何部位都不能接触到障碍物，否则就算失败。游戏前，可以不蒙眼睛先试着走两次，适应一下。

游戏开始了。五位选手都被蒙上了眼睛。一号选手虽然十分小心，但还是一脚踢翻了椅子。旁观者哄堂大笑，这让其余四位蒙着眼睛的选手都紧张起来。

二、三、四、五号选手陆续上场，学生们一边起哄提示“抬脚，抬得高

一点”、“弯腰，低点，再低点”、“向左一点，要碰到椅子了”，一边笑得开心无比

——因为这时，他们已经在老校长的示意下，悄悄地撤去了绳子，搬走了椅子。其实他们面前已经没有任何障碍了，看他们还做出那样谨慎而夸张的动作，怎能不让人觉得好笑？

游戏的结尾，是五位选手站在讲台上，一起取下蒙眼的手绢。看着空荡荡的礼堂，他们全都呆住了，过了一会儿，又都不好意思地笑了起来。

等大家都笑过后，老校长示意大家安静，然后开口道：“你们就要离开学校，到社会上打拼去了。我没有什么礼物送给你们，只是想通过这个游戏让你们明白：在人生中，有些你以为的障碍，其实并不存在。而最大的障碍，就在你们自己的心中。”

（佚名）

蛋糕不会从天而降

他终于吃到了自己赚钱买来而不是祈祷得来的蛋糕。小姑娘的话使他受益终生，并指引他走向了新的道路。

小克莱门斯刚满4岁，但他已经是一名小学生了。他的老师霍尔太太是一位虔诚的基督徒，每次上课之前，她都要先领着孩子们进行祈祷。

有一天，霍尔太太给孩子们讲《圣经》，当讲到“祈祷，就会获得一切”的时候，小克莱门斯忍不住站起来，问道：“真的吗？祈祷真的可以获得一切吗？如果我祈祷上帝，他会给我任何我想要的东西吗？”“是的，孩子。只要你愿意虔诚地祈祷，你就会得到你想要的东西。”

听到这样的回答，小克莱门斯高兴极了。此时他最想得到的是一块大大的蛋糕，因为他从来没有吃过蛋糕。而他的同桌，一个可爱的金发小姑娘每天都会带着一大块这么诱人的蛋糕来到学校。她常常问小克莱门斯要不要尝一口，倔强的小克莱门斯每次都坚决地摇头，但他的心是痛苦的，他其实很想尝尝那蛋糕是什么滋味。所以，那天在放学的时候，小克莱门斯兴奋地对小姑娘说："明天我也会有一大块蛋糕。"

回到家后，小克莱门斯关起门，无比虔诚地进行祈祷，他相信上帝已经看见了他的表情，上帝一定会被自己的诚心感动的！然而，第二天起床后，他找遍了所有上帝可能放蛋糕的地方，仍然什么也没有发现。他以为只是自己不够虔诚，所以他告诉自己：以后每天都坚持祈祷，一定要等到蛋糕降临。

一个月后，金发小姑娘突然想起来，笑着问小克莱门斯："你的蛋糕呢？"小克莱门斯告诉小姑娘："上帝也许没有看见我在进行多么虔诚的祈祷。因为每天有那么多的孩子都在做这样的祈祷，而上帝只有一个，他怎么会忙得过来呢？"小姑娘惊讶地看着他说："难道你每天祈祷只是为了一块蛋糕吗？你为什么不自己去赚钱买一块呢？几个硬币就可以买到了。"

小克莱门斯恍然大悟。从此，他决定不再祈祷。小姑娘说得很对，为什么不自己去赚钱买一块呢？所以，小克莱门斯对自己说："我不会再为一件卑微的小东西祈祷了。"

不久，他就通过给别人送报纸或帮别人遛狗，攒够了买蛋糕的钱。他终于吃到了自己赚钱买来而不是祈祷得来的蛋糕。小姑娘的话使他受益终生，并指引他走向了新的道路。

（佚名）

生活中总有属于你的位置

现在我要告诉她，大学里没有我的位置，但生活中总会有我一个位置，而且是成功的位置。我想对母亲说的是，希望今天的我没有让她再次失望。

从小，安东尼的学习就很糟糕，一直都是班里的倒数第一。所以，高中还没有毕业时，校长就亲自给他的母亲打电话说："安东尼或许并不适合读书，他的理解能力太差了，实在让人无法忍受。他甚至弄不懂两位数以上的运算。所以，最好还是让他退学吧。"

母亲很伤心，但也明白校长的苦衷，她默默地把安东尼领回了家，准备靠自己的力量把他培养成材。可是，安东尼对读书一点儿也提不起兴趣，他努力学习的目的，只是为了安慰母亲。但是无论如何努力，他还是记不住一个简单的数学公式。他自己也苦恼极了。

一天，安东尼跟着妈妈去社区的超市买东西，正好路过一个正在装修的商店，他看到有一个人正在橱窗里面雕刻一件艺术品，安东尼立刻凑上前去，全神贯注地观赏起来。从此以后，母亲发现安东尼只要看到什么材料，包括木头、橡皮等，他都会认真而仔细地按照自己的想法去打磨和塑造，直到它成为一件漂亮的艺术品为止。尽管母亲有时也不免为儿子的手艺而赞叹不已，但是她并不希望他因玩弄这些小东西而耽误学习，她认为这只不过是小孩子的游戏罢了，不会有什么出息。安东尼很听话，只好继续读书，但同时从未放弃自己的爱好。为了不让母亲生气，他总是偷偷进行着自己的创作。

最后，母亲还是对安东尼彻底失望了，因为没有一所大学肯录取他，哪怕是本地最最没有名气的学院。于是，母亲就对安东尼说："孩子，你已经

长大了，你去走自己的路吧，没有人再对你负责了！”安东尼知道他在母亲眼中是一个彻底的失败者，也很难过，决定远走他乡。

许多年后，市政府为了纪念一位名人，决定在市政厅前面的广场上设置一座这位名人的铜雕，面向社会征求最完美的作品。消息一经传出，很多雕塑大师纷纷献上自己的作品。这可是名利双收的事情啊，不但可以得到一大笔奖金，自己的大名还能与名人永远地联系在一起，被全市的人们所牢记。

最终一位远道而来的雕塑师一举夺魁。在揭幕典礼上，这位雕塑师说：“我想把这座雕塑献给我的母亲，因为我读书时没有获得她期望中的成功，我的失败令她伤心绝望。现在我要告诉她，大学里没有我的位置，但生活中总会有我一个位置，而且是成功的位置。我想对母亲说的是，希望今天的我没有让她再次失望。”

这个人就是安东尼。安东尼的母亲此时正站在人群中，她喜极而泣。她这才发现安东尼并不笨，只是她没有把他放对地方而已。

（佚名）

退回去的勇气

凯瑟琳获救了，甲板上的人都在默哀，船长阿罗约坐到凯瑟琳身边说：“小姐，他是我见过最勇敢的人。我们为他祈祷！”

这是发生在美国的一件真实的故事。故事的主人公叫杰弗瑞。在平时生活中，杰弗瑞非常胆小懦弱，做什么事情之前都让女友先去试一下。女友凯瑟琳对此十分不满，有几次都想跟杰弗瑞分手了。两人相约最后一次出海。

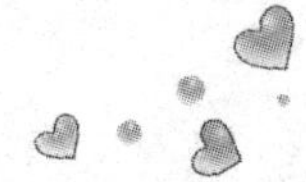

天有不测风云，返航时，飓风将小艇摧毁，幸亏凯瑟琳抓住了一块木板才保住了两人的性命。凯瑟琳问杰弗瑞："你怕吗?"

杰弗瑞从怀中小心翼翼地掏出一把水果刀，说："怕，但是亲爱的你放心，有鲨鱼来，我就用这个对付它。"

凯瑟琳望着这个"不争气"的男友，伤心地摇头苦笑。

不久，一艘货轮发现了他们——他们获救了。

正当两人欣喜若狂时，一群鲨鱼出现了，凯瑟琳大叫："我们一起用力游，会没事的!"

杰弗瑞却突然用力将凯瑟琳推进海里，独立扒着木板朝货轮了游了过去，大声喊道："亲爱的，这次我先试!"

凯瑟琳惊呆了，望着杰弗瑞的背影，感到非常绝望——鲨鱼正在靠近，可对凯瑟琳不感兴趣而径直向杰弗瑞游去，杰弗瑞被鲨鱼凶猛地撕咬着，他发疯似地冲凯瑟琳喊道："亲爱的，我爱你!"

凯瑟琳获救了，甲板上的人都在默哀，船长阿罗约坐到凯瑟琳身边说："小姐，他是我见过最勇敢的人。我们为他祈祷!"

"不，他是个十足的胆小鬼。他是我见到的最胆小的男人!"凯瑟琳冷冷地说，一点不为杰弗瑞的死感到伤心。

"您怎么这样说呢?刚才我一直用望远镜观察你们，我清楚地看到他把你推开后用刀子割破了自己的手腕。鲨鱼对血腥味很敏感，如果他不这样做来争取时间，恐怕你永远不会出现在这艘船上！你应该感谢这位勇敢的年轻人!"船长说道。

此时，凯瑟琳已经泪流满面。

（佚名）

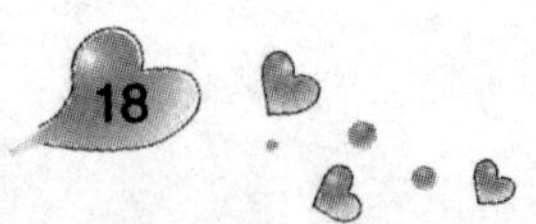

赛虎求医

治疗完毕，斯图医生把小黑狗抱下来。然后打开门，看着两只狗，一黄一黑，一大一小，慢慢地消失在夜色中……

在德国南方的一个小镇上，有一位老兽医名叫斯图。一天，斯图医生的朋友比尔抱着他的大黄狗赛虎匆匆地赶到兽医站。赛虎的爪子上和肚皮上都是血。比尔说，赛虎想翻墙到比尔上班的工厂里去玩，可是工厂的墙头上有铁丝网，把赛虎的爪子和肚皮都划伤了。

斯图医生迅速地给赛虎注射了麻药，清理了伤口，缝了几针，又包上纱布。然后，找来一辆手推车帮助比尔把赛虎送回家。赛虎的伤口很快就痊愈了，虽然它还像以前一样活泼、顽皮，但是再也不敢去跳铁丝网了。

一年以后的一个傍晚，忙了一天的斯图医生正准备回家，突然听到有爪子划门的声音。开门一看，原来是赛虎，却没看到赛虎的主人比尔。赛虎见门打开后，就走了进来。斯图医生这才发现，在赛虎的身后还跟着一条又瘦又脏的小黑狗。

小黑狗看上去像是无家可归的野狗，它怯生生地跟着赛虎，东张西望，一瘸一拐地走了进来。在它走过的地方，留下了一行血脚印。

这时候斯图医生明白了，赛虎之所以会来找他，一定是赛虎在玩耍的时候遇到小黑狗，看到它的脚受伤了，便想起去年自己受伤的时候是斯图医生给它治好的，于是就领着小黑狗找上门来。

斯图医生小心地把小黑狗抱到手术台，仔细地观察它的伤口。它的脚上扎了几根荆棘，深深地陷进肉里，由于时间长了，已经化脓发炎。斯图医生认真地给小黑狗治疗，把荆棘一根一根地拔了出来，将脓血清

理干净。

在治疗过程中，赛虎一直伸长脖子坐在旁边，目不转睛地看，喉咙里不时发出细细的声音，似乎是在安慰小黑狗。治疗完毕，斯图医生把小黑狗抱下来。然后打开门，看着两只狗，一黄一黑，一大一小，慢慢地消失在夜色中……

从那以后，大黄狗赛虎和小黑狗经常在一起，简直像形影不离的兄弟。

（佚名）

交换车票

在北京火车站，一个捡破烂的人把头伸进软卧车厢，向他要一只空啤酒瓶，就在递瓶时，两人都愣住了，因为5年前，他们曾换过一次票。

两个乡下人，外出打工。一个去上海，一个去北京。可是在候车厅等车时，都又改变了主意，因为邻座的人议论说，上海人精明，外地人问路都收费；北京人质朴，见了吃不上饭的人，不仅给馒头，还送旧衣服。

去上海的人想，还是北京好，挣不到钱也饿不死，幸亏没上车，不然真掉进了火坑。

去北京的人想，还是上海好，给人带路都能挣钱，还有什么不能挣钱的？我幸亏还没上车。不然真失去一次致富的机会。

于是他们在退票处相遇了。原来要去北京的得到了去上海的票，去上海的得到了去北京的票。

去北京的人发现，北京果然好。他初到北京的一个月，什么都没干，竟然没有饿着。不仅银行大厅里的太空水可以白喝，而且大商场里欢迎品尝的点心也可以白吃。

去上海的人发现，上海果然是一个可以发财的城市。干什么都可以赚钱。带路可以赚钱，开厕所可以赚钱，弄盆凉水让人洗脸可以赚钱。只要想点办法，再花点力气都可以赚钱。

凭着乡下人对泥土的感情和认识，第二天，他在建筑工地装了10包含有沙子和树叶的土，以“花盆土”的名义，向不见泥土而又爱花的上海人兜售。当天他在城郊间往返6次，净赚了50元钱。一年后，凭“花盆土”他竟然在大上海拥有了一间小小的门面。

在常年的走街串巷中，他又有一个新的发现：一些商店楼面亮丽而招牌较黑，一打听才知道是清洗公司只负责洗楼不负责洗招牌的结果。他立即抓住这一空当，买了人字梯、水桶和抹布，办起一个小型清洗公司，专门负责擦洗招牌。如今他的公司已有150多个打工仔，业务也由上海发展到杭州和南京。

前不久，他坐火车去北京考察清洗市场。在北京火车站，一个捡破烂的人把头伸进软卧车厢，向他要一只空啤酒瓶，就在递瓶时，两人都愣住了，因为5年前，他们曾换过一次票。

（佚名）

从孤儿到大富豪

你决不能放弃，继续前进。一次又一次地制定计划。如果必要，也可以在幻想中寻求慰藉。不过，在你制定出计划之后，就要设法去达到目标。

汤姆·莫纳干的一生，是典型的白手起家的故事：4岁的孤儿，33岁的大富豪。

莫纳干4岁的时候，父亲去世了。母亲无力供养两个孩子，只得把孩子们转交天主教的男童之家。汤姆和弟弟杰姆都是在那里由神父和修女带大的。

成为一个牧师，是莫纳干早期的事业梦，但是在神学院里的一场枕头战断送了他的前程。他报名参加了海军，1959年带着2000美元的积蓄退伍，可一个油滑的推销商将他的积蓄化为乌有。莫纳干变得一文不名、无家可归，他掉头返回密执安州，在一个报摊上干活，筹集学费去读书。

此后不久，他被东密执安大学录取，可又因病退了学。弟弟杰姆提议他们买下一个餐馆主人的比萨摊位。营业地点就在东密执安大学校园里，1960年12月兄弟俩接管了这家小店，尽管两人都从未做过食品生意。

可是，8个月之后，23岁的汤姆·莫纳干眼睁睁地看着弟弟杰姆开着那辆大众甲壳虫汽车走了。杰姆以他在比萨饼店的股份所有权交换了汽车的独占权。

由于弟弟这个惟一的帮手走了，汤姆只得自己把全部活儿包揽下来。制作比萨需要好几个小时做准备，汤姆通常每天要工作18个小时，从上午10点直到凌晨4点，包括打扫厨房、擦洗地板。

汤姆通过寻找，发现了一个合伙人，此人有开比萨店的经验，善于调一种特殊的番茄汁。莫纳干以比萨王的名字在易普西兰蒂增开了两家比萨店，他的新伙伴则用别的名字开了两家餐馆。

莫纳干亡命地每周投入100个小时去巩固这三家比萨店的地盘。不幸的是，他那不受管束的合伙人从那两家餐馆里提走了现金大肆挥霍。

1964年，莫纳干取消了合股经营，一年之后，那个合伙人宣告破产，可是莫纳干也承受了财务上的打击，因为所有的店铺仍然用的是他的名义。

一张补缴7.5万美元税金的账单留给了他，他要么付款，要么声名扫地。莫纳干发誓要偿还一切债务，他决定排除消极的社会影响，取一个全新的名号。

一位经理建议用"达美乐"，莫纳干认为很好，因为这个全新的名字不至于让老顾客们混淆不清。莫纳干努力工作，降低成本，1965年他获得了5万美元的赢利。

1967年，一场大火摧毁了总店，他损失了15万美元，仅得到了微不足道的1.3万元的保险赔偿。

莫纳干命令剩下的店铺组成一套相对独立的装配线，一家铺子专门和面团，另一家准备奶酪，第三家调配调味汁。这样，在不依赖总店供应的情况下，所有的铺子都可以继续运转。

到了1968年，莫纳干决定尽快扩大发展。在那些瞬息万变的日子里，快餐食品连锁店如雨后春笋，遍及街头巷尾。

莫纳干沉浸在成功的喜悦中，他成了家乡的孩子勤奋成才的榜样。可当莫纳干评估了他的财政状况后，他惊愕地发现：由于发展太快，现金流动问题逐日上升，公司的欠债总计达150万美元。投资银行已对他不再感兴趣。

1970年5月1日，他失去了达美乐的控制权。

银行和债主允许莫纳干以12家店铺的监督人身份留下来。在一年之中，那个风云人物就变成了乡下的白痴。每一个和达美乐公司有过生意往来的人，都诅咒这个名字，奚落它的创始人。

可不到一年，莫纳干通过协商要回了他全部的股票，同时还新掌管了一家收入丰厚的比萨店。障碍总算是跨越过去了。

1971年，一年一度的职业橄榄球冠军赛开始了，莫纳干推出了1美元1个的比萨。东兰辛店铺一天就卖了3500个比萨。

在1972年，莫纳干和他的一些店主们聚在东兰辛店帮忙，以图满足第二届超级杯赛的需要。这次比赛使得东兰辛店5个小时内生产了5000个比萨，数量与吉尼斯纪录相当。

到了1973年，达美乐公司在13个州里有了76家分店，而且都小有利润。在1978年的11月，达美乐公司开设了它的第200家店铺，此外，这一年还增加了28家连锁店。

莫纳干越过了艰难的障碍，终于到了该他享受劳动成果的时候了。

他说："我简直不敢相信那10年的利润，我从来没有过那么多从四面八方涌来的钱，我觉得到了花销一些辛苦钱的时候了。"

他的确会花钱。

他花了2200万美元买了一辆稀有的巴格蒂跑车。

他花了4000万美元收集了弗兰克·劳埃德·赖特的纪念物，包括赖特设计的一所房子；彩色玻璃窗；在芝加哥对面"骑士之家"的一间餐厅。

他还拥有一艘他称之为"达美乐效率"的173英尺高的游船。

还有他最后宣称的"瞧，我做到了。"——他买下了每一个美国孩子都梦想过的一支棒球队。那是在1983年，他花了5300万美元，买下了他所深爱的底特律老虎队。

这个孤儿积聚了他年轻时代的每一个梦想。他甚至收集了150多辆高级轿车，价值15000万。

每个人都以为，随着莫纳干财富的增加，他的占有欲也会更加强烈。

没有人预料到后来发生的事情。莫纳干决定卖掉他在达美乐公司的97%的股份，把钱施予天主教慈善机关。可紧接着的两年半，他又遇到了一场可怕的灾难：股份一直没有卖掉，在迟迟不决期间，原先赢利的生意走上了下坡路。

金融分析家认为，没有人出价的部分原因是因为莫纳干的财务资产与公

司密不可分，没有会计能够真正统计出公司到底值多少。

对莫纳干来说，这是他一生中极大的危机，威胁着他的名声和财富，但是他并未妥协让步，而是以他重新建立的信心去面对这场灾难。

售出无望后，莫纳干只得重新掌舵，回到首席执行官的位置上。到了1992年，公司由于技术上的失误，负债近2亿美元。这在达美乐的历史上是第二次，银行纷纷亮起红灯，怀疑公司是否能逃过这一劫。

在那一段困难的时间里，他惟一的安慰就是无休无止地工作，在纸上预测未来的现金流，直到公司能重新恢复到赢利的年代。

让美国人最为吃惊的是，这位大富豪在重建公司的同时，还放弃了大部分自己聚积起来的财富，包括那些名贵豪华的轿车，高大的游船以及底特律老虎队等等。

在降低成本和重振公司5年之后，达美乐实现了销售的稳步增长，莫纳干又一次奇迹般地把他的公司从失败的风浪中拯救了出来。

在1998年，莫纳干成功地以10亿美元的价钱把公司卖给了伯恩资本公司，他自己留下了9亿美元的私人财产。

在20世纪90年代经济好转、资本大量涌入时，公司找到了买主，而莫纳干也终于带着自豪和利润退了出来。用这一大笔钱，他在数年之间新建了一批天主教组织机构。

问及他对那些经历挫折的生意人有什么忠告时，他答道："你决不能放弃，继续前进。一次又一次地制定计划。如果必要，也可以在幻想中寻求慰藉。不过，在你制定出计划之后，就要设法去达到目标。"

（佚名）

走进别人心里

心理学家作为被邀请的贵宾，参加了他们的婚礼。望着幸福的新娘，人们都说心理学家创造了一个奇迹。

几十年前，纽约北郊曾住着一位姑娘名叫艾米丽，她自怨自艾，认定自己的理想永远实现不了。她的理想也就是每一位妙龄姑娘的理想：跟意中人——一位潇洒的白马王子结婚，白头偕老。艾米丽整天梦想着，可周围的姑娘们都先后成家了，她成了大龄女青年，她认为自己的梦想永远不可能实现了。

在一个雨天的下午，艾米丽在家人的劝说下去找一位著名的心理学家。握手的时候，她那冰凉的手指让人心颤，还有那凄怨的眼神，如同坟墓中飘出的声音，苍白憔悴的面孔，都在向心理学家说：我是无望的了，你会有什么办法呢？

心理学家沉思良久，然后说道："艾米丽，我想请你帮我一个忙，我真的很需要你的帮忙，可以吗？"

艾米丽将信将疑地点了点头。

"是这样的。我家要在星期二开个晚会，但我妻子一个人忙不过来，你来帮我招呼客人。明天一早，你先去买一套新衣服，不过你不要自己挑，你只问店员，按她的主意买。然后去做个发型，同样按理发师的意见办，听好心人的意见是有益的。"

接着，心理学家说："到我家来的客人很多，但互相认识的人不多，你要帮我主动去招呼客人，说是代表我欢迎他们，要注意帮助他们，特别是那些显得孤单的人。我需要你帮助我照料每一个客人，你明白了吗？"

艾米丽一脸不安，心理学家又鼓励她说："没关系，其实很简单。比如

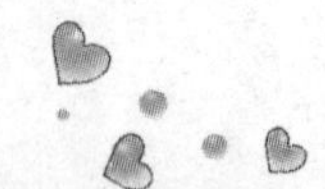

说，看谁没咖啡就端一杯，要是太闷热了，开开窗户什么的。”艾米丽终于同意一试。

星期二这天，艾米丽发式得体，衣衫合身，来到了晚会上。按着心理学家的要求，她尽职尽力，只想着帮助别人。她眼神活泼，笑容可掬，完全忘掉了自己的心事，成了晚会上最受欢迎的人。晚会结束后，有三个青年都提出要送她回家。

一个星期又一个星期，三个青年热烈地追求着艾米丽，她最终答应了其中一位的求婚。心理学家作为被邀请的贵宾，参加了他们的婚礼。望着幸福的新娘，人们都说心理学家创造了一个奇迹。

（佚名）

豪华的旅程

侍者接过船票，拿出笔来，在船票背面的许多空格中，划去一格。同时惊讶地问：“老先生，您上船以后，从未消费过吗？”

一对老夫妇省吃俭用地将四个孩子扶养长大，岁月匆匆，他们结婚已有50年了。拥有极佳收入的孩子们正秘密商议着要送给父母什么样的金婚礼物。

由于老夫妇喜欢携手到海边享受夕阳余晖，孩子们决定送给父母最豪华的爱之船旅游航程，好让老两口尽情徜徉于大海的旖旎风情之中。

老夫妇带着头等舱的船票登上豪华游轮，可以容纳数千人的大船令他们赞叹不已。而船上更有游泳池、豪华夜总会、电影院、赌场、浴室等，真令他们俩目接不暇、惊喜无限。

唯一美中不足的是，各项豪华设备的费用都十分昂贵，节省的老夫妇盘算自己不多的旅费，细想之下，实在舍不得轻易去消费。他们只得在头等舱中安享五星级的套房设备，或流连在甲板上，欣赏海面的风光。

幸而他们怕船上伙食不合口味，随身带有一箱方便面，既然吃不起船上豪华餐厅的精致餐饮，只好以泡面充饥，如想变换口味，吃吃西餐，便到船上的商店买些西点面包、牛奶果腹。

到了航程的最后一夜，老先生想想，若回到家后，亲友邻居问起船上餐饮如何，而自己竟答不上来，也是说不过去，和太太商量后，索性狠下心来，决定在晚餐时间到船上的餐厅去用餐，反正也是最后一餐，明天即是航程的终点，也不怕挥霍。

在音乐及烛光的烘托之下，欢度金婚纪念的老夫妇仿若回到初恋时的快乐。在举杯畅饮的笑声中，用餐时间已近尾声，老先生意犹未尽地招徕侍者结账。

侍者很有礼貌地问老先生："能不能让我看一看您的船票？"

老先生闻言不由生气："我又不是偷渡上船的，吃顿饭还得看船票——"嘟囔中，他拿出船票扔在桌上。

侍者接过船票，拿出笔来，在船票背面的许多空格中，划去一格。同时惊讶地问："老先生，您上船以后，从未消费过吗？"

老先生更是生气："我消不消费，关你什么事。"

侍者耐心地将船票递过去，解释道："这是头等舱的船票，航程中船上所有的消费项目，包括餐饮、夜总会以及赌场的筹码，都已经包括在船票售价内，您每次消费，只需出示船票，由我们在背后空格注销即可。老先生您——"

老夫妇想起航程中每天所吃的泡面，而明天即将下船，不禁相对默然。

（佚名）

一米六五打天下

他闪电般的突破速度常常在巨人如林的NBA赛场把那些大个子们搞得晕头转向。他以平均每场15.6分的成绩，让很多球队的主力都望尘莫及。

1976年6月2日，一个小男孩出生在美国俄亥俄州克里夫兰市。让父母一直担心的是，这个孩子的个头一直很小，因此从小到大都是同伴们讥笑的对象。但是他却没有自暴自弃，反而爱上了被称为巨人运动的篮球。

后来他进入了克里夫兰天主教会高中，并凭借娴熟的控球技巧成为了校队的组织后卫。虽然身材矮小，但是闪电般的速度和精准的投篮成为他的两大“杀手锏”。在进入校队后的第二年,他的得分就居整个俄亥俄州所有高中球员的首位。

高中毕业后，他进入了东密歇根大学。在4年的NCAA（美国大学联盟锦标赛）中，他共参加了122场比赛，平均得分达到18.1分。大四那年，他的个人得分列在NCAA第二。

正当他满心期待在1998-1999赛季NBA选秀会上一鸣惊人时，他却遭受到沉重的打击。没有一支球队对身材矮小的他感兴趣。因为按照NBA的概念，1.80米以下的一般都被视为“小个子”，而身高只有1.65米的他简直就是NBA中的“侏儒”。

为了保持正常的训练和状态，他只好先去CBA（美国大陆篮球联赛）打球。不到一年，他终于等到了转机。新泽西篮网队将他召至麾下，不过仅仅过了5场比赛，他就被无情地裁掉。在此之后的几年间，他六易其主，一直不被重视，在每支球队都是替补球员。但他始终没有失去希望，他知道自己有这个能力，只是时机还不到罢了。他在继续等待着。

2004-2005赛季,由于球员伤病等原因,他所在的掘金队还处于起伏当中,但是作为替补出战的他，却创造了职业生涯的最佳成绩——场均12.9分、4.2次助攻，并于11月20日创造了职业生涯的单场最高得分——32分，他也成为了NBA单场得分超过30分的最矮球员，也使得掘金队成为当年NBA最大的黑马。

他就是美国篮球明星厄尔·博伊金斯。

他被称为NBA历史上继“土豆”韦伯（身高1.70米）和“小虫”博格斯（身高1.60米）后的又一个奇迹。他闪电般的突破速度常常在巨人如林的NBA赛场把那些大个子们搞得晕头转向。他以平均每场15.6分的成绩，让很多球队的主力都望尘莫及。

（佚名）

三棵树的梦想

当礼拜日来临的时候，第三棵树发现，自己的梦想实现了：它牢牢地竖在山顶上，紧挨着上帝，因为，被钉在它身上的那个人，就是耶稣。

从前，山上有三棵小树苗，并排伫立在山顶。春末的一天，伴着暖暖的晚风，它们开始互相分享各自的梦想与希望。

第一棵树大声说：“我想成为国王装珍宝的箱子，镶嵌着贵重的黄金与耀眼的宝石，里面盛满了王后的皇冠、项链和其他价值连城的宝物。我要向所有人炫耀我的富有与美丽！”

第一棵树刚说完，第二棵树就迫不及待地嚷道：“我要成为一艘华丽而坚实的大船。我将载着王子去遥远的国度迎娶美丽的公主，然后过着幸福的生活。在我身边，每个人都会感到安全和快乐。”

第三棵树说：“我的愿望可没有你们那么伟大，我只想变成这座山上最高

大、最强壮的一棵树。人们看到我屹立在山顶，就会想到上帝和天堂，而我与上帝是如此地接近。我将永远是最高大的树，人们会一直记住我！”

这三棵树为了它们的梦想能够实现，祈祷了好些年，那时候，它们都已经长成了茂盛的大树。这时，三个伐木工来到了山上。

第一个伐木工走近第一棵树，说：“我看这棵树真不错，可以把它卖给木匠。”说完，他就向树干砍了过去。那棵树十分高兴，因为它肯定木工将把它做成一个放宝藏的箱子。

第二个伐木工人看着第二棵树说：“这棵树看起来又笔直，又粗壮。我应该把它卖给造船的工厂，它做甲板做桅杆都合适。”第二棵树以为不久将开始它的航海生涯，也非常高兴。

当三个伐木工同时走向第三棵树时，它惊恐万分。因为它知道自己一旦被砍倒，它的梦想就化为泡影了。

但是那个伐木工并不知道它的愿望，于是，第三棵树也倒下了。

几天后，第一棵树被送到木匠家里，而木匠刚刚买了一匹小马，恰好缺少一个食槽。于是，第一棵树就成为了一个食槽，被安置在马棚里，里面盛满了干草。这完全不是它乞求的结果。

第二棵树梦想载着王子飘洋过海去迎娶美丽的公主，然而，它却被制成了一艘捕鱼的小船，浑身满是它讨厌的鱼腥味。它远大的理想也破灭了。

第三棵树更惨，它先是被锯成了大块的木头，最后被遗弃在角落里。

几年过去了，三棵处境凄凉的树都已经遗忘了它们曾经的梦想。

有一天傍晚，一对年轻的夫妇来到马棚附近，由于他们找不到旅馆，只好在马棚里暂住一晚。这天夜里，妻子玛丽亚生下一个婴儿，她把婴儿放在食槽里，就是用第一棵树做的食槽。孩子的爸爸正想把食槽当做宝宝的摇篮，然而，食槽却自己摇了起来。因为第一棵树明白现在自己的伟大使命，它知道它正承载着世界上最最罕见的珍宝。

又是几年过去了，一伙人登上了由第二棵树制成的渔船。他们中有一个人疲劳得睡着了。一场猛烈的暴风雨咆哮而来，第二棵树正在为自己不能保证他们的安全担忧的时候，同伴们把那个睡着的人叫醒了。他爬起来说：“安静！”顿时，暴风雨平息了。此时，第二棵树才知道，原来自己正载着王中之王。

终于，角落里的第三棵树也重见天日了。它被做成了一个沉重的十字架，然后有一个人被钉在了上面，他们被举着穿过大街小巷，并受到众人的辱骂。这个被钉在十字架上的人，最终死在了山顶上。当礼拜日来临的时候，第三棵树发现，自己的梦想实现了：它牢牢地竖在山顶上，紧挨着上帝，因为，被钉在它身上的那个人，就是耶稣。

（佚名）

我们在追求什么

墨西哥渔夫觉得不以为然：这些鱼已经足够我一家人生活所需啦！美国人又问：那么你一天剩下那么多时间都在干什么？

在墨西哥海岸边，有一个美国商人坐在一个小渔村的码头上，看着一个墨西哥渔夫划着一艘小船靠岸，小船上有好几尾大黄鳍鲔鱼；这个美国商人对墨西哥渔夫抓这么高档的鱼恭维了一番，问他要多少时间才能抓这么多？

墨西哥渔夫说，才一会儿功夫就抓到了。美国人再问，你为什么不呆久一点，好多抓一些鱼？墨西哥渔夫觉得不以为然：这些鱼已经足够我一家人生活所需啦！美国人又问：那么你一天剩下那么多时间都在干什么？

墨西哥渔夫解释：我呀？我每天睡到自然醒，出海抓几条鱼，回来后跟孩子们玩一玩，再跟老婆睡个午觉，黄昏时晃到村子里喝点小酒，跟哥儿们玩玩吉他，我的日子可过得充实又忙碌呢！

美国商人不以为然，帮他出主意，他说：我是美国哈佛大学企管硕士，我倒是可以帮你忙！你应该每天多花一些时间去抓鱼，到时候你就有钱去买条大一点的船。自然你就可以抓更多鱼，再买更多渔船。然后你就可以拥有一个渔船队。到时候你就不必把鱼卖给鱼贩子，而是直接卖给加工厂。或者你可以自己开一家罐头工厂。

如此你就可以控制整个生产、加工处理和行销。然后你可以离开这个小渔村，搬到墨西哥城，再搬到洛杉矶，最后到纽约。在那里经营你不断扩充的企业。

墨西哥渔夫问：这要花多少时间呢？

美国人回答：十五到二十年。

墨西哥渔夫问：然后呢？

美国人大笑着说：然后你就可以在家当皇帝啦！时机一到，你就可以宣布股票上市，把你的公司股份卖给投资大众。到时候你就发啦！你可以几亿几亿地赚！

墨西哥渔夫问：然后呢？

美国人说：到那个时候你就可以退休啦！你可以搬到海边的小渔村去住。每天睡到自然醒，出海随便抓几条鱼，跟孩子们玩一玩，再跟老婆睡个午觉，黄昏时，晃到村子里喝点小酒，跟哥儿们玩玩吉他。

墨西哥渔夫说：难道这不是我现在正在做的事情吗？

（佚名）

两个人的钥匙

那一瞬间，一切琐碎的烦恼显得好笑，而真正的爱情并没有远离他们。第二天，比尔郑重地向莎莲娜请求：婚后的恋爱开始了，我能再一次请你出去吃饭吗？

莎莲娜是美国加州大学的最年轻的讲师，比尔是加州一位年轻有为的律师，新婚还不到一年的他们，已经开始感受到了爱情被婚姻包围住以后的枯燥和无奈。但是，他们都还记得他们浪漫的新婚之夜。

他们是第一批报名在加州大酒店举行的新创意集体婚礼的，在集体婚礼

的舞会上，比尔和莎莲娜的舞蹈得到了很多赞美和祝福。那天晚上，当他们要回他们的新婚房间时，主持婚礼的司仪给了他们每人一把钥匙，这让他们莫名其妙。晚上，当比尔和莎莲娜一起回到属于他们的新房时，发现那个用两颗心叠在一起的锁好别致呀，他掏出自己的钥匙插在左面的锁孔里，门锁不动，插在右面，也不行。比尔让莎莲娜试一下也不行，还是莎莲娜聪明些，说两个人一起来。于是，比尔把自己的钥匙又插进去，他看了看莎莲娜的眼睛，两人同时转动钥匙，门开了。在房间里等待着的蜡烛、浪漫的音乐，还有几个时尚杂志的记者，他们把陶醉在爱情中的比尔和莎莲娜拍摄成了明星一样的人物，还登上了杂志封面。

婚后的日子一直被这种快乐和浪漫包围着，他们都认真地经营着自己的感情，培养着爱情的土壤和花朵。然后，时间会把一切东西的香味逐渐淡去，渐渐地他们有了争吵，迟到的雨具和被淋病了的莎莲娜，偶尔放错调料的咖啡和比尔的愤怒，渐渐地，比尔开始嫌弃莎莲娜不懂得爱情的细节，不懂得在他的咖啡里多加些方糖，而莎莲娜也发现比尔一直不注意她新更换的一套裙子，她还发现比尔开始有说话不自然的电话，甚至有时候借口工作加班不回家吃晚饭。直到比尔提出了分居。

莎莲娜实在忍受不了这种有隔阂的生活，同意了比尔的要求。在收拾她自己的东西的时候，她发现了她的钥匙，不是钥匙，是一个像钥匙一样的纪念品。原来是他们新婚之夜酒店送给他们用玉石打制的两把钥匙的纪念品，酒店里给它起的名字叫“幸福钥匙”，拥有者可以凭这一对钥匙免费消费一个晚上。莎莲娜忽然想到了一个主意。

比尔也不知道莎莲娜为什么心血来潮非要去加州大酒店里住一个晚上然后才同意分居。他们又一次被分配到了新婚之房，不知怎的当比尔把钥匙插进锁孔，看了一眼莎莲娜的时候，他一下子好像回到了一年前，那一双柔柔的眼睛里不是满是关心吗？一二三，门开了！令比尔意外的是和他们新婚时一样的设计，蜡烛和音乐。那一瞬间，一切琐碎的烦恼显得好笑，而真正的爱情并没有远离他们。第二天，比尔郑重地向莎莲娜请求：婚后的恋爱开始了，我能再一次请你出去吃饭吗?

看着比尔姿势，莎莲娜一下子笑出了声，幸福原来是这样的让人猝不及防。

（佚名）

1000辆自行车

2006年，莱波里诺幸运地当选为美国邮政管理局该年度“扮圣诞老人献爱心”活动的圣诞老人。这位年逾古稀的老人，献出的爱心是1000辆自行车。

家住彭萨科拉的莱波里诺和他的儿子相依为命，他的妻子一年前患重病撒手人寰了。为了给妻子治疗，家里用去了不少钱，如今他们根本没有任何积蓄，只能靠领救济金度日。

圣诞节快到了，5岁的儿子盼望着圣诞那天，爸爸可以用自行车带着他到游乐园玩，所以他希望圣诞老人给他们送来一辆自行车。儿子歪歪斜斜地给圣诞老人写了封信，委托爸爸到邮局代发。信发走后，儿子每天都会满眼期待地问莱波里诺：“爸爸，圣诞老人会收到我的信吗？”

面对儿子清澈的眼神，莱波里诺喉咙哽咽了，他点点头，安慰儿子说：“当然会的，圣诞老人最喜欢懂事的孩子了，你耐心地等着吧。”

眼看圣诞节就到了，可是到哪里弄一辆自行车啊？莱波里诺一筹莫展。

圣诞节前夜，莱波里诺从外面心事重重地空手而归，无奈之下只好欺骗望眼欲穿的儿子说：“圣诞老人给你送来圣诞礼物了。”

儿子兴高采烈地问：“在哪儿？”

他告诉儿子：“不过，我把那辆崭新的自行车放在公园草坪上，进了趟厕所的工夫，它就不翼而飞了。”

儿子信以为真，喃喃地说：“或许是哪个人借去用了吧，爸爸，你何不写张告示，也许还能把圣诞老人给我的礼物找回来呢！”为了安慰儿子，莱波里诺果真写了一张告示，希望小偷大发善心将自行车送回。

平安夜，父子俩围坐在桌前，忽然传来一阵敲门声，开门一看，没有人，只有一个信封放在门口，里面装了200美元。信封里还有一张便条，上面写着:“每有1个小偷，就有1000个圣诞老人。”

这件事让莱波里诺感动极了。但事情并没有到此结束，接下来的几天，他又收到了好心人送来的10辆自行车。其中，有一辆正是小偷送回的，小偷还附了封愧疚的信。最后，他只留了一辆，其他车子都送给需要它的人了。因为他的儿子永远也不会骑车——他是个残疾人，在一次车祸中，他失去了一条腿。

这事莱波里诺没有对任何人透露，包括他的儿子，这个秘密一直是他心中的痛。为了抵消内疚，莱波里诺发誓：总有一天，他会扮演圣诞老人百倍千倍地给那些像他的儿子当年一样期待自行车的孩子送去圣诞礼物。这个誓言，让莱波里诺自强不息，奋斗了一生，终于在40年后得以实现。

2006年，莱波里诺幸运地当选为美国邮政管理局该年度“扮圣诞老人献爱心”活动的圣诞老人。这位年逾古稀的老人，献出的爱心是1000辆自行车。

（佚名）

真正的好命

人们都说连二爷前世必定是一个衣来伸手，饭来张口的花花公子，老天爷在罚他这一辈子卖苦力。

连二爷是菊大叔的堂叔。连二爷娶第一个老婆时，菊大叔才刚刚出生。他比菊大叔大了整整22岁。

可是，当菊大叔送第一个儿子上军医大学的时候，连二爷还是一个光棍。由于天灾兵祸，连二爷前面的两个老婆都早早地离开了他。

值得庆幸的是，连二爷的身体好得叫人难以置信。他68岁那一年，他的第三个老婆居然给他生下了一个儿子。所以，直到连二爷82岁了，他还抚养那个尚未成年的独苗苗。

整个山村只有一个水库。一个水库的水要供应百来人的田地用水。因此，为放水、塞水所闹出的矛盾简直有夏天的蚊子那么多。

村委会为了解决这些矛盾，就决定把水交给一个人来管。这个人就是82岁的连二爷。

那一年，春雨刚过，水库大坝坝底的关水口没有封严。俗话说："春雨贵如油。"为了不让比油还贵的春水流失，连二爷往肚子里灌了一瓶白酒，就扑通一声扎入坝底去塞水口。

哪知，水口前的旋涡太大，连二爷竟被旋入水口，活生生被冲出坝底。在水库外的一个深潭边才露出头来。

人们都以为连二爷不能生还了。

哪知他抹了一把脸上的水，呼了一口长气，又爬上了坝口。

人们都说连二爷前世必定是一个衣来伸手，饭来张口的花花公子，老天爷在罚他这一辈子卖苦力。

比起连二爷，菊大叔就神气多了。他前后养了四个儿女。而四个儿女，有的当军官，有的做老板，个个都挣大把大把的钱。每年寄给菊大叔的零花钱就有上万元。

美中不足的是，菊大叔年轻时候就落下了一身病。不是这里疼，就是那里发烧，一年到头很少离开院子里的那张竹躺椅。

有一天，叔侄俩在一起聊天。连二爷慨叹道："菊生呀，只有你的命好啊。你看，一天到晚不愁吃，不愁穿；大门不出，二门不迈。每年躺在这躺椅上还能收到一万多块钱。比过去的官老爷还要舒服。"

哪知菊大叔听了连二爷的话之后，很是生气。他大声说："我说二叔，你也应该知足了。你看，你都八十多岁了，想干什么就干什么，想到哪儿去就可以跑到哪儿去。一日三餐不管是干的也好，稀的也好，哪怕就是几块咸萝卜，总是吃得那么有滋有味。我算啥？一年一万多块钱，不是'正天丸'，就是'头痛散'；不是'胃舒平'，就是'雷米封'。一天到晚还要这个来拉，

那个来扯。一身皮肉这里一针，那里一针，扎得像个蜂窝一样。你还说我命好，二叔呀，要是到了阎王那里，我哪怕送他好几万块钱，也一定要跟他打通关节：下辈子我一定要跟你换一个位。让你来享我这个‘福’，让我去受你那个‘苦’。我再不要这辈子这样的鬼命。”

连二爷听了，竟嘻嘻地笑了起来。

（佚名）

白白浪费掉的机会

神仙接着说：“我的朋友啊，她本来就该是你的妻子，你们还会有三个聪明可爱的孩子，如果能跟她在一起，那你的人生将会增添许多快乐。”

有一个人，每天晚上都虔诚地祈祷神仙保佑他的一生。他的虔诚感动了神仙，于是下凡来会见他。这个神仙告诉他说，不久就会有一件大事发生在你身上，你将有机会得到他会一笔很大的财富，还会拥有显赫的社会地位，得到人们的尊重，并且还会娶到一个漂亮的妻子。

这个人高兴极了，他为神仙终于能给自己这样的恩赐而兴奋不已。于是他什么也不干了，专心在家等待这个奇迹的降临，接受神仙给他的承诺。可是几十年过去了，什么事情都没有发生，他不仅没有得到钱，反而更穷了。就这样潦倒地度过了他的一生，最后孤独地老死在自己的破房子里。当他死后，又看见了那个神仙，他很气愤，责怪神仙说：“你说过要给我财富、显赫的社会地位和漂亮的妻子，我等了一辈子，却什么也没有，你这个骗人的家伙。”

神仙回答他：“我可没说过那种话。我只承诺过要给你一个得到财富、受人尊

重的社会地位和一个漂亮的妻子的机会,可是你从来没把握住这些机会,让他们从你身边白白溜走了,难道你还要埋怨我吗?”“我不明白你的意思。”这个人很迷惑,他从来不知道有这样的机会。神仙回答道:“你记不记得有一次你曾经想到了一个赚钱的好点子。但是因为害怕失败你并没有去尝试着去做?”这个人点点头。

神仙继续说:“这就使你失去了一个成为有钱人的机会。几年以后这个点子被另外一个人想到了,他并没有什么顾虑就大胆地去做了,现在他成了全国最有钱的人。这你可怪不到我。”“那我的社会地位呢?我可不记得有人邀请我参加过什么上流社会的宴会。”这个人还是不肯放过神仙。“哎呀!”神仙有些无奈了,“你记得几十年前那场大地震吧。那时候城里大半的房子都毁了,很多人被困在废墟里,大家都忙着去拯救还有希望生存的人,可你呢?还用我说你在干什么吗?”那人的脸红了,神仙继续说:“当时你的房子并没有受到损害,但是你害怕如果自己出去救人会有小偷趁你不在进行偷窃,因此你就以这个为借口,没有去抢救那些需要你帮助的人,而是守在自己的房子里,看着自己家里的东西。”这个人不好意思地点点头。

神仙说:“如果那次你去拯救那几百个人,就可以使你在城里得到多大的尊崇和荣耀啊!”那人又想问自己为什么没有漂亮的老婆,可是他不好意思开口。神仙看出了他的窘相。

“还有,”神仙继续说,“你记不记得在集市上你曾经遇见过一个黑发女子,她身姿婀娜,美丽的脸庞如天上的月亮,强烈地吸引着你的心,你几乎马上就要向她求爱了。可是你退缩了,因为你害怕像她条件这么好的女人一定会拒绝你。就这样,你眼睁睁的看着三个机会从你身边溜走了。”

这个人又点点头,流下了悔恨的泪水。

神仙接着说:“我的朋友啊,她本来就该是你的妻子,你们还会有三个聪明可爱的孩子,如果能跟她在一起,那你的人生将会增添许多快乐。”

(佚名)

隐藏起来的微笑

所有人都会微笑，只不过有些人把笑容隐藏起来了而已。因此，我对约瑟爷爷微笑，约瑟爷爷也对我微笑。微笑是可以互相感染的。

在一个小镇上，有一个很大的花园，里面栽着许多繁茂的桃树，每年都会结出全镇最大最甜的桃子。但是，全镇的人都知道，那个花园的主人是约瑟，一个脾气非常坏的老头。他家的桃子可摘不得，哪怕是掉在地上的也不能去捡，否则就会遭到他粗暴的打骂。所以大家从来不称他为“约瑟爷爷”，而是直接称他为“老约瑟”。

一个星期天的上午，小男孩哈瑞克到他的同学威廉家去，打算和威廉一起去体育馆打羽毛球。去体育馆，必须要从老约瑟家的门前经过。当哈瑞克和威廉走到老约瑟家附近时，威廉看见老约瑟正坐在家门口晒太阳，于是建议走马路的另一边。

但是哈瑞克不同意，他说：“别担心，约瑟爷爷是不会伤害任何人的，跟着我来吧。”威廉还是非常害怕，每向老约瑟家的门口走近一步，心跳就会加快一分。当他们走到老约瑟家门前时，老约瑟下意识地抬起了头，像往常一样紧锁着眉头，注视着眼前的不速之客。当他看到是哈瑞克时，原本紧绷着的脸顿时绽开了灿烂的笑容。

“哦，你好啊，哈瑞克，”他说，“你和这位小朋友要去哪里啊？”

哈瑞克也对他报以微笑，回答说：“我们要一起去打羽毛球。”

老约瑟说：“这听起来真是不错，你们稍等一会儿，我马上就来。”

不一会儿，他就从院子里拿出两个桃子，给他们每人一个。“这是我刚从树上摘下来的，甜着呢。快吃吧！”两个小男孩接过红红的桃子，心里高兴极了。

和约瑟爷爷告别之后，哈瑞克解释说：“其实，我第一次从约瑟爷爷家门前经过的时候，发现他真的像人们传说的那样，一点儿也不友好，让我感到

非常害怕。但是，我却在心里告诉自己，约瑟爷爷是面带微笑的，只不过他把那微笑隐藏起来了，别人看不见而已。所以，只要看到约瑟爷爷，我都会对他报以微笑。终于有一天，约瑟爷爷也对我微笑了一下。又过了一些时候，约瑟爷爷真的开始对我微笑了，那是一种发自内心的笑容；不仅如此，约瑟爷爷竟然还开始和我说话了。随着时间的推移，我们谈的话越来越多，我知道他还有一个儿子在很远的城市工作，并不经常回来，平时没有人跟他说话，他很孤独，所以脾气才会那么坏。”

听完哈瑞克的叙述，威廉问道：“隐藏起来的微笑？”

“是的，”哈瑞克答道，“我爷爷曾经告诉过我说，所有人都会微笑，只不过有些人把笑容隐藏起来了而已。因此，我对约瑟爷爷微笑，约瑟爷爷也对我微笑。微笑是可以互相感染的。”

（佚名）

一枚大头针

果然，恰科凭着一颗对一根针也不会放过的心，渐渐得以在法国银行界平步青云，最终有了功成名就的一天。

著名银行家恰科生前常向年轻人回忆过去，他的经历总是令闻者沉思起敬。人们在羡慕他的机遇的同时，也品味到了一个银行家身上散发出来的特有精神。

还在读书期间，恰科就有志于在银行界谋职。

临近毕业，他立即去一家最好的银行求职。一个毛头小伙子的到来，对一家银行的官员来说太不起眼了。恰科的求职碰壁了。

后来，他又去了其他银行，结果也是令人沮丧。

但是，恰科要在银行里谋职的决心一点也没受到影响。他一如既往地到各家银行求职，奔波在失望、希望的征途。

有一天，恰科再一次来到那家最好的银行，“胆大妄为”地直接找到了董事长，希望董事长能雇佣他。

然而，他与董事长一见面，就被拒绝了。

对恰科来说，这已是52次遭到拒绝了。当恰科失魂落魄地走出银行时，看见银行大门前的地面上有一根大头针。他弯腰把大头针拾了起来，以免伤人。

回到家里，恰科仰卧在床上，望着天花板直发愣，心想命运对他为何如此不公平，连给他试一试的机会也没有，在伤心中，他睡着了。

第二天，恰科又准备出门求职。在关门的一瞬间，他看见信箱里有封信。拆开一看，恰科欣喜若狂，甚至有些怀疑这是否在做梦——他手里的那张纸是录取通知。

原来，昨天，就在恰科蹲下身子拾起大头针时，被董事长看见了。董事长认为如此精细小心的人，很适合当银行职员，所以，改变了一下主意，决定雇佣他。

果然，恰科凭着一颗对一根针也不会放过的心，渐渐得以在法国银行界平步青云，最终有了功成名就的一天。

（佚名）

老头子做事总不会错

“老头子，你知道得最清楚呀，”老太婆说。“今天镇上是集日，你骑着它到城里去，把这匹马卖点钱出来，或者交换一点什么好东西：你做的事总不会错的。快到集上去吧。”

乡下住着一对清贫的老夫妇，一个农人和他的妻子，他们唯一值钱的东

西是一匹马。不过，尽管他们的财产少得可怜，他们却总觉得放弃任何东西没有什么关系。

有一天，他们想把马卖掉，或者用它交换些对他们更有用的东西。但是，他们不知道应该换些什么东西呢？

“老头子，你知道得最清楚呀，”老太婆说。“今天镇上是集日，你骑着它到城里去，把这匹马卖点钱出来，或者交换一点什么好东西：你做的事总不会错的。快到集上去吧。”

于是，农夫牵着马去赶集了。

半道上，有一个人拖着步子，赶着一只母牛走来，这只母牛很漂亮，不比任何母牛差。

“它一定能产出最好的奶！”农夫想。“把马儿换一头牛吧。”

于是，他们就交换了。

农夫本来可以回家了，因为他所要做的事情已经做了。不过，他想既然去赶集，所以他就决定去赶集，就牵着牛继续往前。

不一会儿，他们赶上了一个赶羊的人。

“这是一只很漂亮的羊，非常健壮，毛也好。我倒很想有这匹牲口，”农夫心里想。“它可以在沟旁边找到许多草吃，有一头羊可能比有一头牛更实际些吧，我何不跟他交换呢？”

赶羊人当然是很愿意的，这笔生意马上就成交了。

于是，农夫就牵着他的一头羊继续往前走。

忽然，他又看到一个人臂下夹着一只大鹅。

“你夹着一个多么重的家伙！”农夫说，“它长得真肥！如果把它系上一根线，放在我们的小池子里，那多好呢。我的老女人说过不知多少次：‘我真希望有一只鹅！’现在她可以有一只了。你愿不愿用我的羊换你的鹅，我还要感谢你。”

他们又成交了，这个农夫得到了一只鹅。

这时他走进了城，碰到一个人系着一只短尾巴的鸡，她不停地眨着一只眼睛，看起来倒是蛮漂亮的。“咕！咕！”这鸡叫着。农夫一看见，心中就想：“这是我一生所看到的最好的鸡！哎，我的天，我倒很想有这只鸡哩！

一只鸡总会自己养活自己的。我想拿这只鹅来换这只鸡，一定不会吃亏。”

“我们交换好吗？”他说。

当然，农夫又和别人成交了，他带走了鸡。

天气很热，农夫也感到累，他来到了一个酒店门口，正想要走进去，但店里一个伙计走出来了，他们恰恰在门口碰头。这伙计背着一满袋子的东西。

“你袋子里装的是什么东西？”农夫问。

“烂苹果，”伙计说。“一满袋子喂猪的烂苹果。”

“这堆东西可不少！我倒希望我的老婆能见见这个世面呢。去年，我们院里的那棵老苹果树只结了一个苹果。我们把它保藏起来；它待在碗柜一直待到裂开为止。‘那总算是一笔财产呀。’我的老婆说。现在她可以看到一大堆财产了！”

“你打算出多少钱？”伙计问。

“哦，我想拿我的鸡来交换。”

农夫又成交了，换得了一袋子烂苹果，他走进酒店，一直到酒吧间里来。他把这袋子苹果放在炉子旁边靠着，一点也没有想到炉子里正烧得有火。房间里有两个英国人：他们非常有钱，他们的腰包都是鼓得满满的。

嗞—嗞—嗞—！嗞—嗞—嗞—！炉子旁边发出的是什么声音呢？这是苹果开始在烤烂的声音。

“是什么呀？”

呵，不久，他们就知道了一匹马换得了一头牛，以及随后一连串的交换，一直到换得烂苹果为止的整个故事，都由农夫亲自讲出来了。

“乖乖！你回到家里去时，保管你的老婆会结结实实地打你一顿！”那两个英国人说。“她一定会跟你吵一阵。”

“我将会得到一个吻，而不是一顿痛打，”农夫说。“我的女人将会说：老头子做的事儿总是对的。”

“我们打一个赌好吗？”他们说。“我们可以用满桶的金币来打赌！”

“一斗金币就够了，”农夫回答说。“我只能拿出一斗苹果来打赌，但是我可以把我自己和我的老女人加进去——我想这加起来可以抵得上总数吧。”

“好极了！好极了！”他们说，赌注就这么确定了。

店老板的车子开出来了。那两个英国人坐上去，农夫也上去子，最后烂苹果也被装上了车。不一会儿他们来到了农夫的屋子面前。

“晚安，老太太。”

“晚安，老头子。”

“我已经把东西换来了！”

“是的，你自己做的事你自己知道。”老太婆说。

于是，她拥抱着他，把那袋东西和客人们都忘记掉了。

“我把那匹马换了一头母牛。”他说。

“感谢老天爷，我们有牛奶吃了。”老太婆说。

“是的，不过我把那头牛换了一只羊。”

“啊，那更好！”老太婆说。“你真想得周到：我们给羊吃的草有的是。”

“不过我把羊又换了一只鹅！”“亲爱的老头子，那么我们今年的过节可以真正有鹅肉吃了。”

“不过我把这只鹅换了一只鸡。”丈夫说。

“一只鸡？做得好！”太太说。“鸡会生蛋，蛋可以孵小鸡，那么我们将要有一大群小鸡，将可以养一大院子的鸡了！啊，这正是我所希望的一件事情。”

“是的，不过我已经把那只鸡换了一袋子烂苹果。”

“现在我非得给你一个吻不可，”老太婆说。“谢谢你，我的好丈夫！你知道，今天你离开以后，我就想今晚要做一点好东西给你吃。我想最好是鸡蛋饼加点香菜。我有鸡蛋，不过我没有香菜。所以我到学校老师那儿去——我知道他们种的有香菜。不过老师的太太是一个吝啬的女人。我请求她借给我一点。‘借？’她对我说：‘我们的菜园里什么也不长，连一个烂苹果都不结。我甚至连一个苹果都没法借给你呢。’不过现在我可以借给她10个，甚至一整袋子烂苹果呢。”

她说完这话后就在他的嘴上接了一个响亮的吻。

两个英国人输了，他们就付给农夫金币，因为他没有挨打，而是得到了吻。

（佚名）

想独霸操场的马

那匹想独霸草场的马成为了人的奴隶，从此它的子孙们也成为了人的奴隶，而小鹿们至今仍是快乐和自由地活着……

在很久以前，有一匹英俊高大的马（据说是现在马的祖先），发现了一处非常好的草场——在群山中有一小片草原，草长得细嫩茂密，还有一条清凉的甘泉从草场中间流过，周围的群山又正好挡住了外袭的风雨。

这匹马非常兴奋，认为自己可以不必再到处跑着找草场了，这片草场足可以自己享受一辈子。就在这匹马万分高兴的时候，有一头美丽的梅花鹿跑过来吃草。那匹马看到小鹿也来吃草，就气势汹汹地跑了过去，大声吼道："这是我的草场，你这个不知好歹的家伙，给我滚出去！"

小鹿抬起头，看到这匹高大的马，便和气地说："马老兄，你说这是你的草场，你有什么可以证明吗？"

马气愤地说："你等着，我这就找证人去。"这匹马飞一样地跑到山脚下的一户人家。非常有礼貌地对这家主人说："请你上山为我作证好吗？我要成为那片草场的主人。要把小鹿和其他动物赶走。"

这家主人想了想，说："我可以答应为你证明草场是你的，但你也要答应我一个条件，我必须骑着你去并且再骑着你回来，为了证明你答应我的条件，我要给你戴上笼头与马嚼铁和缰绳……"

为了拥有那片美丽富饶的草场，这匹马爽快地答应了主人的要求。主人给马戴上了笼头和马嚼铁并套上了缰绳，骑着马来到了那片美丽的草场，他为马作证，草场是属于这匹马的。善良诚实的小鹿和其他小动物相信了这个人的话，它们就从此再也不到这片草场吃草了，这匹马真的成为了那片草地的主人，不过，因为给马作证的人再也没有给马解去笼头与马嚼铁和缰绳，

所以这匹马就每天都被牵着去耕地、驮东西……只有主人家没有活干的时候，这匹马才能到那片属于它的草场上吃草和饮水……

那匹想独霸草场的马成为了人的奴隶，从此它的子孙们也成为了人的奴隶，而小鹿们至今仍是快乐和自由地活着……

(佚名)

一把钥匙

珠宝盒底下是一些有价证券，有价证券底下是份遗嘱，她心想："待会儿出去一定要骂一骂他，才三十出头立什么遗嘱！"

他是个爱家的男人。他纵容她婚后仍保有着一份自己喜爱的工作，他纵容她周末约同事回家打通宵的麻将，他纵容她有不下厨的坏习惯……他始终都扮演着一个好男人的典范。

她第一次怀疑他，是从一把钥匙开始。虽然她不是个一百分的好老婆，但总能从他的一举一动了解他的情绪，从一个眼神了解他的心境。

他原有四把钥匙，楼下大门、家里的两扇门以及办公室的门钥匙。不知从何时起他口袋里多了一把钥匙，她曾试探过他，但他支支吾吾闪烁不定的言词，令她更加怀疑这把钥匙的用途。

她开始有意无意地电话追踪，偶尔出现在他的办公室，但他愈来愈沉默，愈来愈不让她懂他心里想什么，常常独自一个人在半夜醒来，坐在阳台上吹一整夜的风……但是唯一没有变的是他对她的温柔和体谅，但她的猜疑始终没有减少。

在不断地追查下，她终于发现那把钥匙的用途，原来是用来开启银行保险箱的。于是她决定追查到底，她悄悄地偷出了那把钥匙，进了银行。

当钥匙一寸一寸地伸进锁孔，她慌张又害怕。首先映入眼帘的是一个珠宝盒，她深深地吸了一口气，缓缓地打开盒盖，然后，心里甜甜地笑了起来：那是他们两人第一次合照的相片。照片之后是一叠情书，一共二十八封，全是她在热恋时写给他的，这个时候甜蜜是她脸上唯一的表情。

珠宝盒底下是一些有价证券，有价证券底下是份遗嘱，她心想："待会儿出去一定要骂一骂他，才三十出头立什么遗嘱！"虽然如此，她还是很在意那份遗嘱的内容。她翻开封面，上面写着某某别墅和存款的百分之二十留给父母，存款的百分之十给大哥，有价证券的百分之三十捐给老人机构，其余所有的动产、不动产都留给她。所有的疑虑都烟消云散，他是爱她的。

正当她收拾好一切准备回家，突然，一个信封从两叠有价证券里掉下来，那已经退去的猜疑又复萌了，她迅速地抽出信封里的那张纸，那是一张诊断书，在姓名栏处她看到了丈夫的名字，而诊断栏上是四个比刀还利的字"骨癌中期"。

她回家了，什么也没说，只是收起了从前的坏脾气。

（佚名）

第二辑 请在泪水中坚强

每个人从小的心底都有一朵盛开的花，为执着而绽放，因磨砺而鲜艳，因坚强而美丽。然而，没有谁的人生是一帆风顺的，困难、伤害在所难免。每一次历练都是经验的累积，每一次磨难都是一种宝贵的人生体验，都是一颗跳动的生命音符。

你给了他一只鞋

“不，布兰特，你找到了。”她紧紧搂住布兰特，“你给了他一只鞋，他始终记着那句话。他一直为有你这个朋友而感到快乐和满足。”

有一个叫史蒂文的少年，10岁那年，在一次手术中，因输血不幸染上了艾滋病。从此，伙伴们都像躲避瘟疫一样躲着他，只有大他4岁的布兰特依旧像从前一样跟他玩耍。

一个偶然的机会，布兰特在杂志上看见一则消息，说新奥尔良的一位医生找到了能治疗艾滋病的药物，这让他兴奋不已。于是，在一个夜晚，他带着史蒂文悄悄地踏上了去新奥尔良的路途，他梦想着也许到那儿之后，一个健康快乐的史蒂文可以和他一起回来，然后开始过上正常人的生活。

为了省钱，他们晚上就睡在随身带的帐篷里，由于饥寒，史蒂文的咳嗽次数多了起来，从家里带来的药也快吃完了。这天夜里，史蒂文冷得直发抖，他用微弱的声音告诉布兰特：“我刚才做了一个梦，梦见了200亿年前的宇宙。可是，星星的光芒是那么微弱，我一个人孤零零地待在那里，怎么也找不到回家的路。”

这时，布兰特把自己的鞋子拿过来塞到史蒂文的手上：“别害怕，以后你再做这样的梦，就想想布兰特的臭鞋还在你手上，布兰特肯定就在附近，你不是孤单的一个人。”史蒂文紧紧抱住布兰特，眼泪止不住地流了下来。

过了几天，他们身上的钱差不多要用完了，可离新奥尔良还有很远，史蒂文的身体也越来越弱，布兰特不得不放弃计划，带着史蒂文回到了家乡。

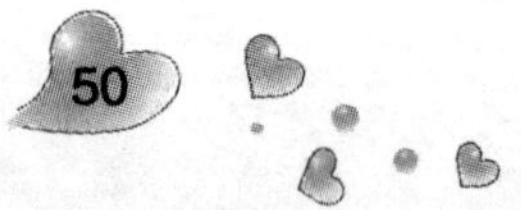

布兰特依旧常常去史蒂文家看望他，鼓励他，把自己的漫画借给他看。有时布兰特陪史蒂文去医院做检查时，还会玩装死游戏吓医生和护士。

一个冬日的下午，阳光照着史蒂文瘦弱苍白的脸，布兰特问他想不想再玩装死的游戏，史蒂文点点头。然而这回，史蒂文却没有在医生为他测量心跳时忽然睁开眼笑起来，他真的死了。

那天，布兰特陪着史蒂文的妈妈回家。两人一路无语，直到分手的时候，布兰特才抽泣着说："我很难过，没能为史蒂文找到治病的药。"

史蒂文的妈妈泪如泉涌地说："不，布兰特，你找到了。"她紧紧搂住布兰特，"你给了他一只鞋，他始终记着那句话。他一直为有你这个朋友而感到快乐和满足。"

（佚名）

苹果树很快乐

"好吧。"苹果树一边说，一边努力挺直身子，"正好啊，一个老树墩是最适合坐下来休息的，来吧孩子，坐下来，坐下来休息。"

男孩家有一棵苹果树。男孩很小的时候，天天都会跑来，收集她的叶子，把叶子编成皇冠，扮成森林里的国王；爬上树干，抓着树枝荡起秋千；口渴了就吃吃苹果。他们会一起玩捉迷藏，玩累了，男孩就在她的树荫下睡着。男孩好爱这棵苹果树。那真是一段快乐无忧的日子，树也很喜欢那些时光。

可是随着日子一天天的过去，小男孩逐渐长大了，他跟树在一起的时间愈来愈少了，苹果树感觉好孤单。

有一天男孩来到苹果树下，苹果树说："来啊，孩子，来，爬上我的树干，抓着我的树枝荡秋千，吃吃苹果，在我的树荫下玩耍，快快乐乐的。"

"我不是小孩子了，我不要爬树和玩耍。"男孩说，"我要买东西来玩，我要钱。你可以给我一些钱吗？"

"真抱歉……"苹果树说，"我没有钱。孩子，拿我的苹果到城里去卖吧，这样，你就会有钱，你就会变快乐了。"

于是男孩把苹果通通带走了。苹果树很快乐。

可是，在那之后，男孩好久都没有再来。

有一天，男孩回来了，苹果树高兴得发抖，她说："来啊，孩子，爬上我的树干，抓着我的树枝荡秋千，快快乐乐的。"

"我太忙了，没时间爬树。"男孩说，"我想要一间房子……我要结婚了。你能给我一间房子吗？"

"我没有房子，"苹果树说，"不过你可以砍下我的树枝去盖房子，这样你就会快乐了。"

于是男孩砍下了她的树枝，把树枝带走去盖房子。苹果树很快乐。

可是，在那之后，男孩好久都没有再来。

当男孩再回来时，苹果树好快乐，快乐得几乎说不出话来！"来啊，孩子，"她轻轻地说，"过来，来玩啊！"

"我又郁闷又伤心，"男孩说，"我想离开这里，你可以给我一艘船吗？"

"砍下我的树干去造船吧！这样你就可以远航，你就会快乐。"苹果树说。

于是男孩砍下她的树干造了艘船，坐船走了。苹果树很快乐，却也有一丝伤感。

许多年过去了，男孩终于回来了，年老和疲惫使他不再渴望玩耍、追逐财富或出海航行。

"我真抱歉，孩子。"苹果树说，"我已经没有东西可以给你了。我的苹果没了。"

"我的牙齿也咬不动苹果了。"男孩说。

"我的树枝没了，你不能在上面荡秋千。"苹果树说。

“我太老了，没有办法在树枝上荡秋千。”男孩说。

“我的树干没了，你不能爬树了。我真希望我能再给你些什么，可是我什么也没有了。我只有一个老树墩，我真的很抱歉……”“我现在需要的不多，”男孩说，“只需要一个可以安静休息的地方，我好累好累。”

“好吧。”苹果树一边说，一边努力挺直身子，“正好啊，一个老树墩是最适合坐下来休息的，来吧孩子，坐下来，坐下来休息。”

男孩坐了下来。苹果树很快乐。

（佚名）

系紧你的鞋带

营销部迅速展开了市场调查。但一个星期过去了仍一无所获。后来，一员工给总经理送去了一张报纸，营业额下降之谜才得以解开。

有一家超市，生意相当红火，营业额每月以5%~8%的幅度增长。但有一个月月底，财务部却发现当月营业额比上个月下降了近10%。这是个相当严重的问题，财务部迅速将情况向总经理作了汇报，总经理又迅速召集了营销部的工作人员，责成他们立即调查营业额下降的原由。

营销部迅速展开了市场调查。但一个星期过去了仍一无所获。后来，一员工给总经理送去了一张报纸，营业额下降之谜才得以解开。

原来，在两个月前，有一名女顾客到这家超市购买生活用品，在结账的时候，她发现售货员少找了1元钱，但售货员坚持认为没找错，因此发生了一次小小的争执。尽管后来售货员让步了，但女顾客却认为受到了侮辱，便将此事写成了一篇短文，狠狠批评了该超市的服务质量。该文刊登在当地一社区主办的小报上，而这家超市有近四分之一的顾客来

源于这个社区。

总经理立即叫人找来那名肇事的售货员，令他惊讶的是，站到他面前的竟是一名多年来连续获得“优质服务模范个人”称号的员工。

在交谈中，总经理知道了这位优秀职工失职的原因。

那天上班，她和平时一样，早早起了床，吃完早饭就匆匆赶到公交车站。就在她和一群上班族奋力挤向车门时，鞋带突然散了，鞋子立即从脚上掉了下来。她赶紧去找鞋子。等她穿好鞋子后，车子已经开走了，于是她只好等下一班车……那天她上班迟到了。当她刚刚迈进超市大门的时候，就受到管理人员的严厉批评。接下来的一段时间，她的心情一直很坏。当那位顾客对找回的零钱提出异议时，她的言语明显不够温和……

听完售货员的叙述，总经理思忖了一会儿，最后，他语气缓和却很郑重地说道：“以后，请系紧你的鞋带，一刻都不要松懈。”

（佚名）

制定合理目标

我们每个人都要正确定位自己的目标，才能成为主宰自己情绪的主人。你站在什么位置上看问题，决定了你的人生态度。

以饰演“超人”而深受观众喜爱的美国演员克里斯多弗·里夫，在银幕上一直都是铁骨铮铮的汉子，但是观众可能无法想象这个从10岁就出道的老演员在舞台背后的磨难与辛酸。

1995年，这位“超人”遭遇了一次意外的坠马事件，伤势严重，导致颈部以下全部瘫痪。因为骨髓受损，他不得不与轮椅为伴，凭着坚强的意志，与死神顽强抗争。

后来，在医生的协助下，他开始了一年的知觉训练，脊椎未端的神经又恢复了知觉。他说，现在任何轻微的碰触，就有疼痛的感觉，但这痛感真的让我很舒服，请相信我说的全是真的，它让我知道我还活着。

在一个健康人的生活中，疼痛是一种痛苦，它意味着伤害。但是“超人”复活的痛，是通向生命之光的一条大路。人类和动物相比最高级的地方就是，人类有思想，他们善于发现生命种的每一种现象，并赋之于意义，鼓励自己，也鼓励所有的人。汶川地震中，有失去双臂的，又失去双腿的，但是他们都坚强的活了下来，在疼痛袭来的瞬间，当你知晓自己还活着，还能看到那正光芒四射的太阳，就是最大的快乐，是生命赐予你最好的礼物。

人要懂得处理好自己的情绪，在死亡面前，生命比什么都重要；而拥有了生命，健康就是你最需要拥有的；有了健康的身体，你才能尽情的享受生活带给你的快乐。

西班牙和美国心理学家在1992年巴塞罗那奥运会田径比赛场上，用摄像机拍摄了二十名银牌获得者和十五名铜牌获得者的情绪反应。心理学家们发现，在冲刺之后和在颁奖台上，“第三名”看上去比“第二名”更高兴。

研究人员对这一现象进行了分析,最后得出结论:因为铜牌获得者通常对自己的期望值并不是很高,获得铜牌也许是他为自己制定的目标,也许是他根本没期望的好成绩,不管怎样都是一个惊喜,因此已经很高兴了;而银牌获得者他的目标往往就是金牌,没有夺冠当然会觉得遗憾,有一点难过。事实也的确如此,每当记者在领奖后采访获奖运动员时,许多亚军几乎都会说:本来有希望成为冠军的。而季军的获得者会因为自己闯入了前三名而十分知足。

我们每个人都要正确定位自己的目标，才能成为主宰自己情绪的主人。你站在什么位置上看问题，决定了你的人生态度。不要为自己不能实现的愿望而灰心，甚至丧失了坚持的勇气，循序渐进看问题，没有什么能成为阻挡你快乐成功的绊脚石。

（佚名）

拳头下的交易

唐·金实际上已经突破了“黑人经济英雄”的限制，成为了美国的英雄，因为他的成就已被每一个人所承认。

唐·金出生于克里夫兰的黑人聚居区，是7个孩子中的老五。他的父亲死于钢铁厂的一次祸事，为了生存，他的母亲和姐姐在家烤饼子和烘花生，他和弟兄们便用袋子装着，拿到附近去卖。

唐·金曾被肯特州州立大学接收，可他没有钱上大学，只有在街上去找活儿，去做他惟一懂得的生意，赌数字。

当唐·金20多岁时，他在彩票赌博方面取得了很大的成功。他挣得了一套郊区的豪宅，开着一辆凯迪拉克大轿车，腰包里揣着一大把钞票。可是，最让他高兴的是得到了新角酒店高级夜总会。

在1966年，唐·金将一个欠他600美元的赌徒打死了，陪审团认定他有罪，可以判处终身监禁，但在私人办公室里，办案法官把罪名减为过失杀人。

当时36岁的唐·金被送往监狱服刑，当监狱的大门关上时，外界认为平常怨气冲天、不可一世的唐·金，终于受到惩处。

而对唐·金来说，监狱的大门砰然关上，实在是他第二次机遇的开始。在狱中，唐·金攻读了大学函授课程，按部就班地学了经济学、商务法律以及政治学，且成绩优异。

蹲了3年零11个月的监狱后，唐·金被假释了，当问起监狱的生活对他有何改变时，他答道：“我入狱时手里拿着的是玩具手枪，可出狱时却装备着知识和精神的原子弹。”

这时，他的一个朋友向他建议：拳击运动的主要参赛者多为黑人，而组

织者却是白人，难道这不正是黑人组织者的一个机会吗？

唐·金知道黑人意识觉醒的浪潮正在美国兴起，作为黑人运动员，真正代表了黑人的自豪的是拳王阿里。

他想举行一次拳击义赛来募集资金，他开始接触拳王阿里。起初，阿里说他对募捐义赛不感兴趣，唐·金巧舌如簧，以他游说的本领、他的理想主义，以及让交易成功的谈话技巧，使阿里同意了。

义赛出奇地成功，总共收入82500美元，在这个城市的拳赛史上是最多的一次。唐·金回到了事业之中。

阿里鼓励了他，并向他介绍了一个拳击伙伴雷·安德森，安德森也建议唐·金做另一个叫厄利·谢福斯的拳师的经理人，此人也签了字，让唐·金承办他的下一次拳击。唐·金真是喜出望外，他有了轻量级的安德森，又有了优秀的重量级拳师谢福斯。通往拳赛组织者的道路有了坚实的基础。

接着，他又举办了一场阿里与另一个拳王乔治·弗里曼的拳击赛。可是，唐·金感到阿里已经33岁，生怕弗里曼会拖延时间，不给他以夺回冠军的机会。唐·金也认为虽然弗里曼曾一度把阿里奉为神圣，可是现在他却嫉妒拳迷们崇拜阿里远远胜过崇拜他。

唐·金在加利福尼亚州奥克兰的一个停车场，与弗里曼单独见了面，他暗示如果弗里曼不很快接受比赛，阿里就会回去了。他对弗里曼说，“你必须赢得这次胜利，否则人们就不会承认你的伟大。但是你必须立即行动起来，阿里不会希望这场比赛推迟得太久。”于是，弗里曼签订了这场比赛和约。

唐·金是惟一奔走于两位拳王之间的协调人，得到了这一对宿敌签署的同意书之后，他面对着一个更为重大的任务：筹集1000万美元付给拳师。

全世界的商人都想做这场传奇比赛的东道主。当1000万美元的信用证从银行转来时，交易便完成了。乔治·弗里曼将在扎伊尔的金萨沙同穆罕默德·阿里交手，举行重量级世界冠军赛。

唐·金办了一件别人办不到的事：他把各条线连接起来，并且得到了举办

拳赛的各个方面的签字认可。

“丛林里的喧闹”是有史以来，阿里一连串拳击赛中最值得回忆、最光辉的一次，这次比赛，阿里在第八回合打败了弗里曼。

回到美国后，唐·金以新的名义劝说阿里和弗里曼同他的公司签订再次比赛合同。唐·金的下一个冒险，是组织阿里轻胜韦普内尔———一个被阿里形容为“白得没有希望”的重量级拳师。唐·金知道美国的白人观众一直渴望着有一个白人冠军，他也充满希望地不断在寻找白人重量级拳击手。

但唐·金过高估计了自己的力量，他在阿里和他的经纪人之间的挑拨并未成功，阿里依然忠实于他的顾问以及他的信条。

到了1976年，唐·金手边已没有一个拳师，并且后悔失去了阿里。他原本可以回到重量级队伍里再寻找一个挑战者，可是，他的眼光要比只安排一场比赛长远得多。

他准备组织一次能让许多美国青年优秀拳击手参加的多量级淘汰赛。唐·金把这个想法告诉了美国广播公司的执行人，他们认为拳击的声望在美国越来越高，电视网络同意为比赛提供资金。

作为一个拳赛组织者，唐·金的卓越之处就在于尽可能多地掌握重量级拳手名单。优秀的拳师们大都已升到他们量级的顶端，所以只要他长时期垄断这些拳手们时，谁胜谁负对他并不重要。

唐·金说服了阿里最后再打一次与霍姆兹的冠军赛，也是唐·金命名为“最后的喧闹”的著名比赛。

这又是一次半是拳击，半是故事的竞赛。霍姆兹打败了久负盛名但却衰老了的阿里，后者甚至把灰白的头发染成了黑色。许多看过这场比赛的人，都会蔑视唐·金从如此可悲的崩溃中挣了一大笔钱。

可是，阿里从拳赛中挣了几百万美元之后，又进一步地望着一大笔薪水的支票。而且，数百万拳迷们希望举行第四次冠军赛让伟大的拳师得到补偿。唐·金只有尽可能地满足公众和拳师的要求。

20世纪80年代，他建立了唐·金体育娱乐网络，并且开创了唐·金化学品公司。他的公司帝国，据说价值5000万美元以上，他在俄亥俄州还拥有400英

亩的庄园。

今天，唐·金经营着有100个拳师的兴盛事业。他总是目光远大，极有预见。他买下了古老的西棕榈海滨回力球场，想将它改建为1万个座位的竞技场，用于篮球和音乐演奏，作为黑人群体的一个表演场地。他也想利用这个场地作为拳赛和电视转播拳赛的舞台。他提倡让本地人为竞技场选择一个名字。

唐·金也正在考虑一桩互联网生意，使数百万的观众上网。他的经验告诉他，这很容易让上亿或者更多的观众登陆国陆互联网来观看一场拳击冠军赛。他说："互联网无所不包，而我已有了30年的网上直播权。"

在1996年9月，唐·金在哈佛商学院作为特色报告人，向学生们提出如下忠告："金钱解答了所有问题，所以去挣一点钱吧牊"

在1999年6月，纽约州的佛南山市首次以"唐·金日"授予这位组织者。当地黑人团体的领袖们认为对唐·金的奖赏早就该实行，并指出以"我们的黑人英雄，或我们的黑人经济英雄"来对待他。

唐·金实际上已经突破了"黑人经济英雄"的限制，成为了美国的英雄，因为他的成就已被每一个人所承认。"我不是一个弱者，而是一个胜者"是他的座右铭。当问及为什么他的头发发展成了现在的著名发式时，唐·金回答说："我要使人们看到我的头发在王冠里的无上光荣。"

（佚名）

别做财富的奴隶

现在，他是财富的主人，他和妻子放弃了财产，而为人类的幸福工作。他拥有了自信而乐观的生活，他觉得他是世界上最富有的人。

有一个美国人叫做富勒，他一直在为一个梦想而奋斗，这就是从零开始，而后积累大量财富和资产。

到30岁时，他已挣到了100万美元。但他觉得自己的事业才刚刚开始，还有更大的财富在前方等待着他--他想成为千万富翁，而且他有这个本事。

现在，他已经拥有一幢临海豪宅，一间湖畔小木屋，2000英亩地产，以及数辆快艇和豪华汽车。但问题也来了：他工作得很辛苦，常感到胸痛，而且他因工作疏远了妻子和两个孩子。因此，他的财富虽然在不断增加，但他的婚姻和家庭却岌岌可危。

一天在办公室里，富勒心脏病突发，而他的妻子在这之前刚刚宣布要带着两个孩子离开他。这时，他才开始意识到自己对财富的追求已经耗尽了所有他真正该珍惜的东西。他打电话给妻子，要求见一面。当他们见面时，两个人都热泪滚滚，他们还是深爱着对方的。最终他们决定，消除掉破坏他们生活的元凶--他的生意和物质财富。

他们卖掉了所有的东西，包括公司、房子、游艇，然后把所得收入捐给了教堂、学校和慈善机构。他的朋友认为他疯了，但富勒从没感到比这次更清醒过。

接下来，富勒和妻子开始投身于一桩伟大的事业——为美国和世界其他地方的无家可归的贫民修建“人类家园”。他们的想法非常单纯：“每个在晚

上困乏的人至少应该有一个简单而体面，并且能支付得起的地方用来休息。”

富勒曾有的目标是拥有1000万美元家产，而现在，他的目标是为1000万人、甚至更多人建设家园。目前，人类家园已在全世界建造了6万多套房子，为超过30万人提供了住房。富勒曾为财富所困，几乎成为财富的奴隶，差点儿被财富夺走他的妻子和健康；而现在，他是财富的主人，他和妻子放弃了财产，而为人类的幸福工作。他拥有了自信而乐观的生活，他觉得他是世界上最富有的人。

（佚名）

为自己的冷漠付费

现在，请在座的每一个人都交出50美分的罚金。我们每一个人都应该为自己的冷漠付费，因为我们生活在这样一个需要白发苍苍的老祖母去偷面包来喂养孙子的城市。

1935年，一件简简单单的偷窃案正在纽约最贫穷脏乱的区的法庭上审理。当时，拉瓜地亚刚刚出任纽约市市长。他坐在法庭的角落里，亲眼目睹了这桩偷窃案的审理始末。

被指控的嫌疑犯是一位白发苍苍的老妇人。她的脸呈灰绿色，乍一看就知道她的健康状况极其糟糕，患有严重的营养不良。

事情其实很简单，老妇人在偷窃面包时，被面包店老板当场抓住，并被送到了警察局，最终被指控犯了偷窃罪。审判长威严地注视着这个瘦弱的老人，询问她是否清白或愿意认罪。老妇人嗫嚅着回答：“是，我承认。我确实偷了面包，因为我家里还有几个饿着肚子的孙子，他们已经两天没有吃到任何东西了。如果我不给他们点东西吃，他们会饿死的。我需要那

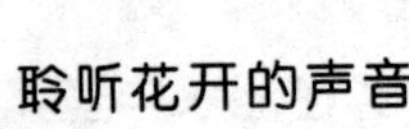

些面包。”

审判长听完被告的申诉，平静地回答道：“尽管如此，我必须秉公办事，维护法律的尊严，你可以选择10美元的罚款，或是10天的拘役。”

由于案情简单，被告供认不讳，庭审很快就结束了。就在法官宣布退庭前，一直坐在旁听席上的市长拉瓜地亚站了起来。他脱下了自己的帽子，放进去10美元，然后转身对着旁听席上的其他人说：“现在，请在座的每一个人都交出50美分的罚金。我们每一个人都应该为自己的冷漠付费，因为我们生活在这样一个需要白发苍苍的老祖母去偷面包来喂养孙子的城市。”

旁听席上的气氛变得肃穆起来。所有的人都惊讶极了，但是每个人都默默地拿出50美分捐了出来。

这场70年前就已经结案的庭审，至今仍然感动人心。

（佚名）

快乐的处方

王子按照这一处方，每天做一件好事，当他看见别人微笑着向他道谢时，他开心极了。很快，他就成了全国最快乐的人。

从前有个国王，他的国家非常富有，百姓安居乐业，边境也平安无事。按理说，这个国王应该感到很满足了，他什么都有了。可是，他却有块心病时时悬在心头：没有儿子。没有儿子也就意味着他的国家后继无人，眼看着自己的年纪越来越大，该怎么办呢？国王很焦急，每天都虔诚地祈祷上苍赐予他一个儿子。

也许是国王的诚心感动了天地，两年后，王后怀孕了。过了10个月，一个胖嘟嘟的小王子诞生了。国王高兴极了，号令普天同庆，大宴宾客。

从小到大，国王一直都想方设法满足儿子的一切要求。可即使这样，小

王子也总是整天眉头紧锁，郁郁寡欢。于是国王便贴出皇榜，悬赏寻找能给儿子带来快乐的高人。

有一天，一个大魔术师来到王宫，对国王说：“尊敬的陛下，我有办法让王子快乐。”

国王欣喜地对他说：“如果你能让王子快乐，我可以答应你的一切要求。”

魔术师说：“我什么也不要，我很高兴能为您效劳。但是，请让我和王子殿下单独待一会儿。”

国王答应了。于是，魔术师把王子带入一间密室中，用一种白色的东西在一张纸上写了些什么交给王子，让他走入一间暗室，然后燃起蜡烛，注视着纸上的一切变化，快乐的处方就会在纸上显现出来。

王子遵照魔术师的吩咐而行，当他燃起蜡烛后，在烛光的映照下，他看见那张纸上显出一行美丽的绿色字迹：“每天做一件善事！”

王子按照这一处方，每天做一件好事，当他看见别人微笑着向他道谢时，他开心极了。很快，他就成了全国最快乐的人。

（佚名）

永远尽力而为

现在轮到国王的眼睛充满泪水，他向幼子温和地说：“我的儿子，你是对的，那座山峰上根本没有树木，现在，我们王国的一切都是你的了。”

从前，远方有个王国，住着一位国王和他的三个儿子。他的年岁渐老，急着将王位传给儿子，然而他无法决定谁该继承王位。为了解决这个难题，

他设计了一个比赛，来测试每个儿子的精力与智能。到了指定的那一天，他把三个儿子叫到跟前，对他们说：

“位于我们王国最北方的角落，一个最偏远的地方，有一座雄伟的山峰，那是王国最险峻的山岭，它的峰顶直达云端，我知道这些是因为我小时候曾经爬到山巅。我可以告诉你们，在山顶长着全世界最老、最高、最壮的松树，它们是举世无双的松树。为了考验你们的实力、体魄和治国的能力，我将派遣你们每一个，一次一人，独自去攀登那座高峰。我希望你们每人到了峰顶，从最高大、挺拔的一棵树上摘下一根树枝回来，凡是把最棒的树枝拿回来的人，可以接替我治理我的王国。”

就照国王所说的，第一个儿子首先出发，带着行囊装备朝高山前进，而国王和其他的儿子则在家中守候。一个星期、两个星期过去了，到了第三个星期快要结束的时候，年轻人回到王国，他一路风尘仆仆，带回了一根巨大的树枝，国王似乎很满意，向他恭喜完成了任务。

接下来轮到第二个儿子，他发誓要取回更好的树枝，于是带着帐篷和必需品上路了。一个星期、两个星期，接着三个星期过去了，国王还在等他回来；四个星期、五个星期，最后到了第六个星期快结束时，第二个儿子终于返回来了。当他快走到时，众人都可以看到他拖着一根庞大的树根，比第一个儿子拿回来的还大很多。他确实表现了他的英勇，而国王似乎欣喜若狂。

最后，轮到第三个儿子了。国王开口说：“现在轮到你了，我要看看你是不是能带回比你哥哥们更巨大的树枝。”这个小儿子显出担忧的神色，当然他是最年幼的一个，他不可能强过他的哥哥们。他请求国王将王位传给他的哥哥。可是，国王坚持他至少要一试。这个幼子婉拒无效，只好收拾行囊朝高山出发。二周、四周，直到六周过去了，没有丝毫音讯；六周、十周、而后十二周又过去了，直到第十四个星期末，才传来第三个儿子在返家路途中的消息。

国王算算他的归期，命令全国人民齐聚一堂，等候第三个儿子回来，因为一旦他回来，便可决定谁是未来的国王了。当王子快到时，只见他的头低垂，眼睛只敢望着地面，他全身衣服又脏又破，等他接近国王时，所有人都很清楚地看出他不仅疲累不堪，而且连半根树枝也没扛回来。他抬头迎着父

亲的目光，很小声地说："父亲，我令你失望了，我的哥哥应该做国王，他有资格治理王国。"

国王说话了，全场静默无声："儿子，你根本没试，你甚至连一根树枝都没带回来!"

这个儿子含着羞愧的泪水说："对不起，父亲，我并不想让你失望，我试着去完成你交待我的事，我旅行了好几个星期，走到王国的最北端，我确实寻到了一座雄伟的高山。我照你的指示，日以继夜去爬山，直到我登上最顶端，也就是你说过年轻时曾经到达的山颠，我到处找了又找，在山顶上根本就没有树!"

现在轮到国王的眼睛充满泪水，他向幼子温和地说："我的儿子，你是对的，那座山峰上根本没有树木，现在，我们王国的一切都是你的了。"

（佚名）

请在泪水中坚强

每一颗滑落的流星都代表着一个生命的逝去。生命的降临是一次偶然，生命的逝去也是一种必然。每个人的生命都是自己的，在他们生时我们就不曾拥有，那失去的时候也就不算是失去。

人类因为有了生命才变得绚烂多彩。在我们的一生中，最令人心碎的莫过于生离、死别，而后者更让人心痛，即使分离，至少我们还知道你活着，哪怕远在千里之外。然而面对逝去的生命，我们很难坚强的面对，泪水和颓废很可能久久围绕在我们周围，盘旋不去。

在丹麦的乡村里，有一位母亲带着女儿，两个人相依为命。生活的艰难并没有压倒她，一碗红薯粥也能让这对母女的笑声充满这个四面徒壁的小屋。

然而不幸总是在穷人中间降临。她的女儿因为感冒得了一场肺病,几天的狂咳和虚弱的喘息后,永远地离开了这个世界。牧师为她做了临终祷告,愿我们的小天使在天堂快乐的生活,愿她的笑脸永远在我们的心中绽放。待亲戚朋友们都散了以后,这位母亲彻底的崩溃了,她连烛火都不愿意点起,在黑暗中哭泣那早逝的生命。她不吃不喝,田里的麦苗都荒芜了,可她什么都不想做,终日以泪洗面,对生活完全失去了希望,甚至不愿意再一个人活下去了。

有一天晚上，她做了一个奇怪的梦，她梦见自己到了天堂。那里一片圣洁、洁白的景象，牧师在那里用世界上最柔和的声调轻轻的念着赞美诗，所有的人都穿着白色的衣服，肃穆、庄严。在他们的脸上你看不到悲哀和遗憾，只有恬静的笑容和超脱一切的解脱。在那里她看到所有的孩子都带着天使的翅膀，手捧蜡烛为自己在人世间的亲人和朋友祈祷。这时她发现行列中有一位小女孩手中的蜡烛并没有燃起。

于是她跑向这位小女孩,当她走近以后,发现那竟是她的女儿。她问女儿:亲爱的宝贝,为什么只有你的蜡烛是熄灭的呢?女儿说:妈妈,他们把我手中的蜡烛点燃,但你的眼泪却使它一直熄灭。她很难过:可是妈妈爱你啊,妈妈余下的日子不能没有你。女儿伸出小手:妈妈,我已经上了天堂,你的哭泣并不能使我复生,反而让我在天堂不能为你祈祷。妈妈,看到你的泪水我是多么的难过。这位妈妈才恍然明白了,她的眼泪并不能换来女儿的重生,女儿在天堂看到她的一蹶不振,时刻感到伤心和难过。

母亲醒来了，梦中的情景好像还在眼前。她决定了，不能让女儿为自己难过。她重新振作起来，用自己的爱心去帮助村子里的每一个人，用自己博大的胸怀去爱每一个孩子。她成了全村孩子的圣母，她的小屋里每天都充满了欢声笑语，她也快乐起来了。每到夜深人静的时候，她仿佛都能看到女儿正在天堂对着她微笑呢。

老人们说，每一颗滑落的流星都代表着一个生命的逝去。生命的降临是一次偶然，生命的逝去也是一种必然。每个人的生命都是自己的，在他们生时我们就不曾拥有，那失去的时候也就不算是失去。

(佚名)

黑暗王国的光明天使

许多人都乐于花许多时间去幻想他们的希望哪一天能够实现。可是，又有多少人采取了步骤去弄清他们的真实情况呢？

斯托瓦尔7岁时视力就开始逐渐减退，在他16岁生日的时候，他坚持他应该像其他同龄的孩子一样自己开车，他不愿参加驾驶培训，因为估计教练会注意到他的缺陷。所以，他直接到机动车管理所去接受体检和笔试。到了读视力测试表的时候，他注意听前排的人怎样回答问题，轮到他时，他一一照着回答，于是他过了关。

他不顾父母的反对，用整个夏天所挣的工资买了他的第一辆小车。可他第一次开车时就撞上了一辆警车，这次意外事故标志着他的开车生涯在开始时就已结束了。因为视力问题，他不能进入他喜爱的足球队，他转向了举重，因为他的个子和体能都远胜于视力。他努力训练，一步步地成为全国举重冠军。

在大学里他也投入了同样的努力，虽有一些小错，但最终得以以优异的成绩毕业，并同一位年轻漂亮的女子克莉西特尔结婚。但是，在一个早晨，突然之间，不幸的事发生了：斯托瓦尔一觉醒来，睁开眼睛，眼前除了一片黑暗，什么也没有看见，他完全瞎了。

为了打发时间，他开始放他收集的录像带，但接着他开始感到愤怒了，他放进一盒他以前看过很多次的录像带。可即使是最熟悉的影片，影片的声音也难以提供足够的信息让他跟得上屏幕上情节的发展。

他参加了一个帮助盲人和视力受到损伤者的团体，在那里他遇到了一个视力不佳的律师助理凯茜·哈泼，他们一见如故，于是斯托瓦尔告诉了她他看影片时所受到的挫折。两人开始讨论各种能为盲人提供增加声频的电影和其他节目的商业服务。

他们建立了“讲述电视网络”，以斯托瓦尔为总裁，哈泼为合伙人，然后，他们寻找到一些成功影片的制片商，并得到他们的允许由“讲述电视网络”加上叙述。他们两人试着生产一种录像磁带的样品，他们认为观众一定会需要。

他们通过给制造商打电话得到了一套电子设备。他们解释说有一个新的主意——帮助盲人看电视。到后来，一个制造商答应免费借给他们一套电子设备。他俩终于给7种节目制作了讲述磁带。然后他们想将磁带送交给一家专业的广播室，希望人家能帮助他们把新的讲述和原来的声音轨迹合并在一起。

斯托瓦尔与一个他相信拥有这个地区最好的录音设备的经理联系，问他能否见一见他们的总工程师，他解释说，他和哈泼需要一个“真正的专家”工程师，因为“讲述电视网络”以前从未有人尝试过。

“可以。”那个经理说，“过来吧。”哈泼同斯托瓦尔就去了，带着他们自己的“工作室”里的全套东西——磁带、电线、录音机器——装了满满一大箱子。他们向经理和工程师阐述了他们的想法。

工程师说，“我在这个行业搞了21年，我见过不少事，也干过不少事，我可以肯定地告诉你，你要做的事情不会成功。”工程师甚至没有兴趣揭开“讲述电视网络”的箱盖。

斯托瓦尔失望了，但他不愿让事情就这样结束，他保持着镇静，转向广播室的头儿说：“请原谅，您有没有其他人能同我们谈一谈？”结果有一个人说：“我们可以把电线接上，看能否做出点什么来。”

一个画面又一个画面，一句解说又一句解说，两个声音轨迹天衣无缝地结合在一起——正如“讲述电视网络”的两位创始人所希望的。6个月之后，哈泼和斯托瓦尔因为“拓宽了电视的范围”，由电视艺术与科学学会授予了埃米金像奖（美国电视的最高奖项）。

为了说服电视台传送“讲述电视网络”的节目，斯托瓦尔得制作两小时一段的节目，可是“讲述电视网络”的电影放送时间通常只有一个半小时，怎样填补这半小时的空白呢？

斯托瓦尔想了一个不错的主意，制作和主持一个15分钟的谈话节目，可以加在影片的放映之前和之后。他估计他能够采访那些影片中的某些老牌明星，再加上电视台的名人以及其他的杰出人物。

可是，“讲述电视网络”怎样才能采访到那些明星呢？斯托瓦尔和哈泼去公共图书馆找到了一本书《明星通讯录》，他们在其中抄下了凯瑟琳·赫本、杰米·斯图尔特和杰克·雷蒙等人的住址，然后热情地发出信函，要求访问。信中解释：为了一个“难得经历的机会”，明星们应该出现在“讲述电视网络”上，接受盲人主持人的采访。

斯托瓦尔收到的第一个回音来自“凯瑟琳·赫本”，信里说，“亲爱的吉姆：如果你拨打这个号码，我们就可以讨论采访了。”后面是凯瑟琳·赫本的亲笔签字。

今天，“讲述电视网络”兴旺发达了。它制作的节目通过1300个有线系统和别的渠道传送，遍及北美，进入3500万左右个家庭。令人惊奇的是，“讲述电视网络”60%的观众是视力完好的人群，他们也非常喜欢加有叙述的节目。公司还清了债务，有了赢利，而且享受到一年600万美元的收益。

现在的斯托瓦尔每年都要周游世界告诉成千上万的人，他们现在的生活状况是他们自己过去的选择决定的。只要我们做出正确的选择，我们就能做任何我们想做的事，过好我们余生的每一天。

当斯托瓦尔几年前在美国最大的一个盲人组织讲演时，他就曾直言不讳地说道：“假如你们中的许多人今天奇迹般地重新恢复了视力，你又会为你卑微的生活方式找到别的借口，当你面对不论是失明、酗酒、破产……你立刻想到的是回复到正常状态，回到原先那一点。你必须强迫自己在没有朋友帮助的情况下，单独去冒更大的痛苦、不测和困窘之险。

要想真正从挫折中恢复过来，斯托瓦尔认为首先要做的是进行严格的自我评价：你是谁？你在何处，以之与“你想要在何处”相比较。

他说：“要想到达你想去的地方，最关键的是了解你现在在何处。”千千万万的人们都想拥有一定的银行存款，想保持一定的体重，或者想

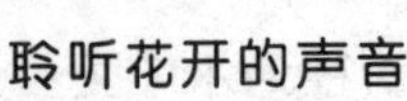

实现任何别的目标，他说，许多人都乐于花许多时间去幻想他们的希望哪一天能够实现。可是，又有多少人采取了步骤去弄清他们的真实情况呢？

“想一想在你的个人和职业生涯中你想要的全部东西，”斯托瓦尔说，“然后考虑一下你目前的处境，你或许会发现，你比你预料的更接近它们。可是，无论如何，你必须朝着正确的方向踏出第一步，而且，你必须少做飘渺的梦，设立一个实际的目标。”

斯托瓦尔相信，只要明了他们的核心目标，任何人都能获得成功。“如果你不能在20秒内向完全陌生的人解释清楚你的生活目标是什么，那说明你自己的头脑里也没有一个清晰的概念。”

构想出个人的目标对获得成功是有帮助的。斯托瓦尔自己的使命是什么呢？他说他的祖母有一次说出了他想说的话：“我的孙子帮助盲人看电视，而且他跑遍世界各地告诉人们，他们的生活中有许多美好的东西。”

（佚名）

被载入史册的修鞋人

老人的善举同时也影响了美国的司法制度的文明进程，以至于后来麻省正式通过一项法律，专门成立了一个“缓刑司”机构，实施“仁心仁术”的新刑事司法制度。

美国的波士顿有一位老人，一生靠修鞋维持生活。他的修鞋摊就安置在法院门外的大街上。每当法院开庭，他总是收起鞋摊，随着人流进入法院，旁听各种案件的审判。

一天早晨，一个衣衫褴褛、满脸悔意的年轻人被带进了法院。凭修鞋老

人多年观察犯人的经验，这个青年又是一个因在公共场所酗酒闹事而被控告的。

那时候，在当地的法律中，“酗酒闹事”只是一种轻微的罪行，只需被告人委托别人交一小笔保释金，便可判一年“监外守行为”。

老人看着眼前这个脸上充满悔意、惶恐的青年，心中顿升一股恻隐之情。他敢肯定这个青年是个穷苦人家的孩子，很难拿出保释金。

所以，开庭时，老人从容地走向法官，表示自己愿做被告人的担保人，保释青年出去。老人的古道热肠和青年的悔意，深深打动了法官。他随即灵机一动，同意鞋匠的请求，下令延期三周审判。

三周后，老人陪同被告人返回法庭。老人向法官呈上一页报告--以上帝的名义发誓作证，这个青年三周来滴酒不沾，一直勤劳工作，照料祖父，空余时间还去做义工。报告上还有青年所在街区的警察和教堂牧师的签名。法官一见大喜，当场宣布释放了青年，并象征性地对他罚款一美分。

从此，这个青年变成了一个终生戒酒、守法勤劳的好公民。

此后的17年，修鞋老人共为2000多人担保，他的爱心改变了2000多人一生的命运。老人的善举同时也影响了美国的司法制度的文明进程，以至于后来麻省正式通过一项法律，专门成立了一个“缓刑司”机构，实施“仁心仁术”的新刑事司法制度。

这位修鞋老人就是一百多年前被美国载入法律史册，被誉为“缓刑之父”的约翰·奥古斯都。他给后人的影响不逊于美国的任何一任总统。

（佚名）

登上“吉尼斯”的破产者

实际上，凯文宣称要成为一个东山再起的冠军，这使他不仅要建造一些伟大、新兴、辉煌的事业大厦，更主要的是他必须从父亲所筑下的失败与耻辱的地狱里爬出来。

凯文·马克斯威尔的孩子们为他们的爸爸是世界纪录的创造者而自豪，只是凯文的孩子们未能领会到他们的爸爸是因为什么而登上《吉尼斯》的。以下是《吉尼斯》的记载：

1992年9月3日，报业继承人凯文·马克斯威尔在其父罗伯特·马克斯威尔死后，成为了全世界最大的破产者。

凯文的全部麻烦起始于1991年11月的一个早晨，当时他的父亲媒体大亨罗伯特·马克斯威尔从他的游艇上落入了大海。

人们或许有理由说凯文的麻烦开始于他的父亲完蛋的那一刻，他继承了罗伯特·马克斯威尔的耻辱以及44亿美元的债务。

人们在北大西洋上发现了罗伯特·马克斯威尔仰面朝天、一丝不挂地漂浮在水面上的尸体，这使得他死后同他生前一样声名狼藉。起初的证据表明是心脏病突发致死而非溺死，但这绝不是结论性的证据。后来，凯文发表声明，称他的父亲是在醉酒后站在船边失脚落水致死的。

有的意见却认为罗伯特·马克斯威尔身上撕裂的皮肉表明曾经有过打斗。到了最后，被公众接受的最普遍的论点乃是罗伯特·马克斯威尔纯粹是自杀。

就在罗伯特死前的几个月里，他的媒体帝国债台高筑，摇摇欲坠，濒临倒塌，再也无力支持泰山似的重债。

现在，所有的眼睛都在盯着凯文。

实际上，凯文宣称要成为一个东山再起的冠军，这使他不仅要建造一些伟大、新兴、辉煌的事业大厦，更主要的是他必须从父亲所筑下的失败与耻辱的地狱里爬出来。

当罗伯特·马克斯威尔的尸体被确认无误时，凯文哭了起来，对这个沉默稳重的年轻人来说，这是一种少见的情感表露。然后，他擦干眼泪，担任马克斯威尔通信公司的董事长，他的哥哥伊恩则掌管《镜报》集团。兄弟俩肩并肩、手挽手地面对着电视台的摄像机。两个儿子都公开发誓要继续下去，让经营始终保持一个惊人的势头。

这是他们在罗伯特·马克斯威尔死后的第一次表态，许多人都把这归之于凯文·马克斯威尔非凡的沉着与镇定。但最权威的说法来自凯文的妻子，她说凯文是一个“善于隐藏真实感情的大师。”

仅仅在一个多月之后，不管马克斯威尔怎样努力，马氏帝国在负债44亿美元的重压下终于倒塌，而且，有证据显示，在罗伯特·马克斯威尔为解救他的私人帝国而狂热地骗取的资产中有他的雇员们的养老基金。

在大多数观察家看来，似乎老马克斯威尔是有意盗窃3万多员工的养老金来使自己肥上添膘。股东们摩拳擦掌，雇员们为养老金而忧心忡忡，伊恩，尤其是凯文则惶惶不可终日地担心法律制裁。谁都会自然而然地想到，作为马氏帝国的少东家，在其父的恶行里，理所当然也有他们的一份！

当事情在他们面前暴露出来的时候，凯文很少有时间忧伤。他解释道：“我父亲的事业在他死后崩溃得如此之快，以致没有任何时间去伤心或者做出任何正常的反应，因为我们被抛进了看不见的无底深渊。”

在1992年的6月，弟兄俩均被控以欺诈罪而被逮捕。更有甚者，法庭宣称凯文应对马氏养老基金中不明去向的81300万美元负责。

法官的大笔一挥，凯文便以全世界最大的破产者而载入了史册。

罗伯特·马克斯威尔生前曾多次说过：“我不打算给孩子们留下一件遗产。”现在，他变本加厉地实现了他的话。

在1992年6月的一个早晨，凯文和他的哥哥伊恩一起被捕了，新闻界权贵的儿子现在正被新闻界驱赶追逐。

在被告人中，只有凯文面对两个指控，首先是他涉嫌伙同其父阴谋诈取养老基金，其次是，控告凯文、伊恩和另外两人，涉嫌挪用价值3500万美元的特福制药有限公司股票。

凯文在被告席上表现得充满活力、百折不挠和富有同情心，他尽力解释他父亲是怎样使一个儿子不仅忠实地不离其左右，而且还盲目地听从。

凯文的故事开始于一盘法兰西豆。在20世纪60年代中期，老马克斯威尔已经在出版上发了财，全家人花了一个月的时间去意大利假日巡游，罗伯特作为9个孩子的父亲，是一个严格的训练者和体罚者。

有一天晚上，有人放了一盘法兰西豆在7岁的凯文面前，凯文根本不吃，他不喜欢法兰西豆。“吃吧。”罗伯特说，“不。”凯文说，直到后来，他父亲威胁说要把他锁在舱房里，凯文还是不吃。最后在用绳子抽打的威胁下，他终于被驯服了。

“哪一个头脑清醒的人想要背上阴谋诈取养老金的罪名？”凯文问道，“一个清醒的头脑当然会做出这样的反应：到时候肯定会有能够弃船而去的一刻。”

“可是，我认为我没有能力离开他。我们之间有一种复杂的联系，不仅只是首席执行官与董事长，而是父与子的关系。”

在开审的第131天，陪审团的7位女性、5位男性陪审员已准备好宣布他们的裁定：完全无罪。

当伊恩流着幸福的眼泪在他妻子的脸上狂吻的时候，凯文则显得自我克制得多，他微笑着同陪审员一一握手。一个半小时之后，兄弟俩互相抱着肩走出了这幢大楼。

让人惊讶的是，当审判还在进行的时候，他已经着手进行新的商业投机了。现在，宣告无罪之后，他着眼于未来，放心大胆地把全部时间都用在生意上。

当时他的官司刚刚开始，为了求得公众的帮助，他一头跑到本地的“职业中心”，申请救济。这件事，报纸刊登了不少照片：前亿万富翁的儿子在失业队伍中，等待施舍。

结果，这样的宣传却给了他一个隐秘的职介网络。有300个公司的领导人愿意请他，凯文对猎头公司推荐的普赖斯很感兴趣。

凯文和他的哥哥卖力地为这个新的主子工作，尽管凯文发现工作本身很苛刻，可他很满意这份收入。他说，“我们不得不在庭审之前5小时，即凌晨4点起床。”那时他们的确是这样做的。当庭审一结束，他们就回到办公室。1997年，凯文建立了一家与媒体有关的投资公司，他称之为“正派的公司”。接着，在1998年3月，他取得了小小的成功，得到了一批廉价的光纤电话电缆。他是大批量购进的，然后零售卖出，仅6个月就收回了投资。到了1999年8月，这个新的上市公司就有了35000万美元的市场价值。

拼搏争斗了近8年，受尽了“世界大骗子”继承人的羞辱之后，凯文可以重新站起来了。

（佚名）

在困境中重生

再也没有什么可吃的东西了，他们只好偎依在一起，相互安慰着。但死亡的脚步一刻也没有停止，一分钟一分钟地向他们逼近着。

一支探险队在一处溶洞探险时，发生了山崩，5个人不幸都被困洞中。他们尝试了各种逃生的方法，都失败了。洞外救援工作正在紧张进行，但估计需要7天左右才能打通。而此时他们的干粮和饮水都已用尽，根本无法维持到救援成功的时刻。

饥饿、恐惧、绝望……就像这洞中的无边的黑暗一样团团包围了他们。他们将身边能吃的东西，如皮带、皮鞋、衣料，甚至洞中的老鼠、蚯蚓都找来吃掉了。再也没有什么可吃的东西了，他们只好偎依在一起，相互安慰着。

但死亡的脚步一刻也没有停止，一分钟一分钟地向他们逼近着。

队长丹尼是个年轻的小伙子，他年轻、能干、活泼，大学毕业后来到探险队，很快就被大伙推选为队长。他看着奄奄一息的队友，左思右想，终于作出了一个痛苦决定："如果救援不及时，5个人都将面临死亡。与其大伙同归于尽，还不如牺牲自己，维持他们的生命。"

此刻，他想得最多的是薇拉，一位美丽的姑娘。他们已相爱多年，他答应她将在美丽的9月让她穿上洁白的婚纱。如果他死去，薇拉将悲痛欲绝。然而，他已别无选择。

当丹尼准备把这个决定说出来时，他忽然有一个想法，想考验一下四位队友，看谁能为了别人，甘愿牺牲自己。

于是，他对队友们说："我们必须牺牲一人用他的血肉来维持其他队友的生命，不然……你们……谁愿意牺牲自己，奉献出躯体？你们谁愿意……"他听不到一点儿声音，死一般寂静。他打亮了打火机，看到的是队友们一张张恐惧的脸。明天，丹尼决定自杀，自己的血肉能供队友将生命维持到后天或更长时间，等救援队的到来。丹尼为自己高尚的决定感到振奋。

这一夜，他睡得很香，梦中薇拉给他端来了牛奶、面包。睁开眼，他第一个看到的是薇拉，仿佛是在医院里，一位医生后面站着两名年轻的护士。

"丹尼，亲爱的。可吓死我了，你总算活过来了。"

薇拉激动地吻着丹尼。

原来，就在丹尼决定自杀后睡着的那一夜——被困陷的第4天夜晚，救援队调集大量人力提前打通了洞，但只有丹尼活了下来。而其他4人因怕被队友们吃掉，手持石头做自卫状，在极度惊恐中死去。

（佚名）

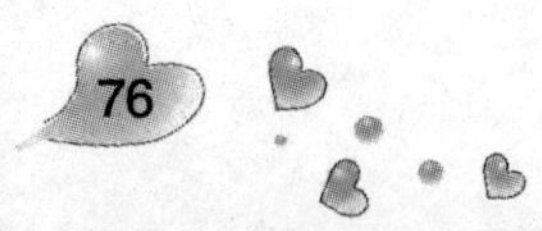

信誉比金钱重要

公司已濒临破产，他干脆打出广告："凡是有需要再参保伊特纳火灾保险公司的客户，保险金一律加倍收取。"

一个名叫J·P·摩根的人主宰着当今美国华尔街的金融帝国。而他的祖父，也就是美国亿万富翁摩根家族的创始人--老摩根先生，当年却是个一无所有的人。

1835年，当时的老摩根先生还是个普普通通的公司职员，他没有想过发什么大财，只要能在稳定的收入之余得到一笔小小的外快就足以让他心满意足。

一个偶然的机会，他签约成为一家名叫"伊特纳火灾"的小保险公司的股东，只是因为这家公司不用当时拿出现金，只需在股东名册上签上名字即可，而这正符合摩根先生当时没有现金却又想获得收益的境况，所以摩根先生就这样成了这家小保险公司的股东。

但是，没过多久，有一家在伊特纳火灾保险公司投保的客户就发生了火灾。如果按照规定，保险公司应该完全付清赔偿金。但是那样一来，保险公司就将宣告破产。在这个时候，其他股东们一个个惊慌失措，纷纷要求退股。

摩根先生仔细想了一下，他认为自己的信誉肯定比金钱重要。然后他开始四处借款，在无奈之下还卖掉了自己的房产，低价收购了所有要求退股的股份。他将赔偿金如数返还给投保的客户。一时间，伊特纳火灾保险公司声名鹊起。

已经几乎身无分文的摩根先生成了保险公司的唯一所有人，但公司已濒临破产，他干脆打出广告："凡是有需要再参保伊特纳火灾保险公司的客户，

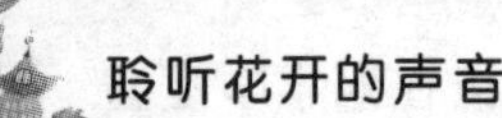

保险金一律加倍收取。”

令他想不到的是，这次客户反而蜂拥而至。原来经过这一次事件，伊特纳公司在很多人的心目中已经成为最讲信誉的保险公司，这一点使它比那些有名的大保险公司更受欢迎。伊特纳火灾保险公司从此又突然崛起了。

成就摩根家族的并不是那一场火灾，而是比金钱更重要的信誉。

（佚名）

用信念战胜风暴

我相信，它一定会漂回到西班牙去，这是我的信念。我可以牺牲生命，却绝对不乏辜负生命里应该坚持的信念。

1492年8月，伟大的航海家哥伦布发现西印度群岛。1493年3月，他率领着“圣玛丽号”，从海地岛海域朝着西班牙胜利返航。那时正值炎夏，启航当天早上，“圣玛丽号”甲板上，一群历经无数劫难的船员正在默默地祈祷着：“上帝呀！请让这和煦的阳光，一路陪伴我们返回西班牙吧！”

但是，上帝似乎没有听见他们的祈祷，因为船刚进入恐怖的百慕大三角不久，天气就骤然变化，天空乌云密布，不时传来闪电与雷鸣，巨大的风暴似乎正从远方朝着船队扑来。

这时，哥伦布意识到，也许这次真的要船毁人亡，葬身大海了。可是，他明白自己还有一个使命没有完成，那就是：必须把自己一路辛苦收集的资料留给后人。

于是，他立即钻进船舱里。在剧烈摇晃的船舱里，他迅速将最珍贵的资料缩写在纸上，然后塞进一个玻璃瓶里，用蜡密封后，再将玻璃瓶抛进了波

涛汹涌的大海中。

哥伦布这时才如释重负地对船员们说:“也许是一年，也许是两年，也许要好几个世纪之后，这个资料才会被人们发现。但是，我相信，它一定会漂回到西班牙去，这是我的信念。我可以牺牲生命，却绝对不乏辜负生命里应该坚持的信念。”

幸运的是，哥伦布和大部分船员在这次风暴中死里逃生了。至于那个玻璃瓶，也正如哥伦布所预料的，在1856年，随着海水漂流到西班牙的比斯开湾。

唯有坚强的信念，才能激发生命的热情与对梦想的坚持。不论是在航向新大陆的途中，还是在返回西班牙的航路上，哥伦布的信念是信仰所产生的力量，也是他自我激励之下的支持力，正因为那份无法撼动的信念，奇迹自然而然地发生了。

每个人都需要有一个坚固的信念。当这个信念转化为动力时，也正是我们实现目标的重要时刻。

（佚名）

爱的升华

这是一个关于母爱的故事。这是爱的升华，是母爱的最高境界。我们为至诚的母爱致敬。而那些没有牺牲的母爱，更让我们感叹母亲的情感是多么的伟大。

藏羚羊是一种世界级别的保护动物，因为它们美丽的皮毛可以做成沙图什的披肩，而遭到盗猎分子的追杀。

一群藏羚羊被追的四处逃窜。猎人举枪追击，体格健壮的藏羚羊跑在前面，

小一点的羚羊则被落在了后面。追到一个峡谷时，藏羚羊们都纷纷纵身跳了过去，只丢下一对母子。盗猎者越来越近了。藏羚羊的弹跳能力很强，速度快的时候能跳出数丈远。因为这只藏羚羊带着一个还没长大的小羚羊，因此跳不了那么远。如果一起跳，她和孩子都会跌入深渊摔个粉身碎骨，而落入盗猎手中。

盗猎者在后面追击,他有把握自己至少也能猎到一只小羚羊。快追到峡谷尽头时,母子俩同时起跳,但是弹跳的那一瞬间母亲放慢了速度,只跳到了一半的距离,小羚羊稳稳地踩在母亲的背上,以此作为支点第二次起跳,顺利地逃到对面的峡谷,而母羚羊却再也跳不起来了,坠入了深谷。

盗猎者被眼前的一幕深深震撼了！他跪倒在地，向苍天祈求饶恕自己的罪恶，并含泪将罪恶的枪抛到了谷底。

这是一个关于母爱的故事。这是爱的升华,是母爱的最高境界。我们为至诚的母爱致敬。而那些没有牺牲的母爱,更让我们感叹母亲的情感是多么的伟大。

有一个儿子，因为先天性营养不良，因此妈妈对他的爱要更多一些。

只要他想吃的东西，他想做的事情，妈妈没有不满足他的。尽管家里并不是很富裕，可是妈妈从来没在任何事情上拒绝过他，同龄的小朋友有的他都有。按说他应该很满足，并用自己的心去照顾妈妈。但是他从来没对妈妈说过谢谢，甚至他认为这一切都是妈妈应该做的。

后来儿子结婚了，娶了一个漂亮的女孩，女孩讨厌和他的妈妈住在一起，认为她是个累赘。儿子就在屋外盖了间茅草屋，让妈妈住在那里。可妻子总认为妈妈吃的多，浪费钱，每天和儿子争吵，妈妈为了不让儿子过的不快乐，白天帮助小两口干活、做饭，晚上就一个人搬到山上的一个小茅屋里去住。几年过去了，妈妈饱受风霜的折磨去世了。

起初儿子庆幸自己不用再负担妈妈的生活了，但是慢慢的他发现，自己再也吃不到那可口的饭菜，再也不能听到妈妈那轻声的呼唤“儿子”。他失去了，永远的失去了妈妈的爱，而他还从来没有好好爱过他呢。儿子悔恨地来到妈妈的坟前大哭。可妈妈再也回不来了！

（佚名）

把细节做到极致

看到她吃惊的样子，服务小姐主动解释说："我刚刚查过电脑记录，您在去年的6月8日，在靠近第二个窗口的位子上用过早餐。"

米莉·杨因生意关系需要经常去泰国，第一次她下榻的酒店是号称亚洲之最的东方饭店，而且感觉很不错。第二次再入住时，她对饭店的好感迅速升级。

原因很简单，第二天清晨，她去餐厅吃早饭时，楼层服务生恭敬地问道："杨女士是要用早餐吗？"

米莉·杨很奇怪，反问："你怎么知道我姓杨？"

服务生说："我们饭店有规定，晚上要背熟所有客人的姓名。"

这令米莉·杨大吃一惊，因为她住过世界各地无数高级酒店，但这种情况还是第一次碰到。

米莉·杨走进餐厅，服务小姐微笑着问："杨女士还要老位子吗？"

米莉·杨更吃惊了，心想尽管不是第一次在这里吃饭，但最近的一次也有一年多了，难道这里的服务小姐记忆力这么好？

看到她吃惊的样子，服务小姐主动解释说："我刚刚查过电脑记录，您在去年的6月8日，在靠近第二个窗口的位子上用过早餐。"

米莉·杨听后兴奋地说："老位子！老位子！"

小姐接着问："老菜单，一个三明治，一杯咖啡，一个鸡蛋？"

米莉·杨已不再惊讶了："老菜单，就要老菜单。"

米莉·杨就餐时餐厅赠送了一碟小菜，由于这种小菜是米莉·杨第一次看到，就问："这是什么？"

服务生退两步说："这是我们特有的小菜。"服务生为什么要先后退两步呢？原来他是怕自己说话时口水不小心落在客人的食物上。这种细致的服务不要说在一般酒店，就是在美国最好的饭店里米莉·杨都没有见过。

后来米莉·杨两年没有再到泰国去，但她在生日那天，突然收到一封东方饭店的生日贺卡，并附了一封信，信上说东方饭店的全体员工十分想念她，希望能再次见到她。米莉·杨激动得热泪盈眶，发誓再到泰国去，一定要住在东方饭店，并且要说服所有的朋友像她一样选择东方饭店。

这就是东方饭店的成功秘诀。东方饭店在经营上的确没使什么新招、高招、怪招，他们采取的仍然是惯用的传统办法：提供人性化的优质服务。只不过，在别人仅局限于达到规定的服务水准就停滞不前时，他们却进一步挖掘，抓住大量别人未在意的不起眼的细节，坚持不懈把人性化服务延伸到方方面面，落实到点点滴滴，不遗余力地推向极致。

（佚名）

在困境中崛起

如果有什么真是你想要做的，那就去做吧，千万别停下来憩比如跑100米冲刺，我相信，不会有人在90米就能得到奖牌，你得越过终点线。”

斯塔福德出生于一个传教士家庭，尽管传教士的薪水远远难以支撑一个十口之家，斯塔福德却记不起曾经感到过一丁点的贫穷。

“我们从来都不觉得我们是贫穷的。”他说，“我父亲告诉我们，脑袋空空才算贫穷，钱袋空空只代表没钱。”

8岁时，他就已经走上了通向企业家之路：他的母亲决定让他每个星期六

上午去卖热狗和汽水。现在他认为，那就是他热心于生意的开始。他说："当时我并不知道，当我数着零钱时，我也就是在学习财经知识。"

中学毕业之后，斯塔福德就参了军，进入美国空军部队，接受训练成为一个航空交通管制员。在部队里他同阿曼达恋爱并结婚，阿曼达至今仍是他的妻子。尽管结婚之后他便打算立即离开部队，但空军部队给他提供了一个诱人的机会：如果他愿意留下来，他们就供他完成他的学业。

于是，他作为继续服役的军官留了下来，后来，他在马萨诸塞州大学获得了金融学士学位，再后来，又从南伊利诺大学拿到了工商管理硕士学位。

1987年，他退役了，为了取得私营公司经营的经验，他去了RVA工作。RVA是一个向联邦航空管理局提供人员和航空服务的承包商。在RVA工作4个月之后，他仍然决定去开创自己的公司。

1988年初，当斯塔福德告诉RVA他要离开去创建他的公司时，他们说："你不能走，我们需要你。"他留了下来，但不是作为雇员，而是成了一个转包人。RVA把他原来工作过的那一部分空中交通支援包给了他。于是，他不仅有了自己的生意，而且有了自己的公司。

斯塔福德给他的新公司取名为"环球系统与技术公司"，环球系统与技术公司，或许可以直接叫做"提供技术"公司——从高技术到普通技术。

其实，环球系统与技术公司并没有贡献什么高新技术，可是它与像哈伯望远镜这样尖端、复杂的著名项目联系在一起，便使这个小公司平添了不少光彩。

当时，哈伯不仅是人类即将送入太空的最先进的望远镜，而且照《华盛顿邮报》的说法，"它将再次证明美国人在科学与创新上的无比优越，"《大众科学》预期它将成为"自伽利略以来"天文学上最大的飞跃。

甚至还在它升入太空之前，哈伯就像一台吃角子老虎机一样，付款给它的承包商和转包商大军。斯塔福德的公司得到30万美元。终于，他挣到了足够的钱，可以租用和布置一间小办公室，他甚至可以第一次给他自己发一份薪水了。

1990年春天，在大肆宣传之后，哈伯望远镜随着宇宙飞船升入太空，但是其测量没有达到预期值。对斯塔福德来说，正如许多别的承包者一样，哈伯望远镜就像肥皂泡似的，嘭的一声，爆了开来。

国家航空和航天局立即削弱了哈伯的工作人员，直到能够明确地找到问题所在，斯塔福德回忆说："在事情恶化之后，他们立马解散了承包商，我们便是其中之一。"而且，就在他失去哈伯承包项目的同一周，斯塔福德得知RVA中止了他的雷达合同。环球系统与技术公司的总收入从六位数降到一位数，甚至零，斯塔福德被迫暂时解散了全体员工。

"那真是非常困难的日子，"斯塔福德说，"我想要跳楼，可是窗户却打不开。"尽管他立即四处打电话，看能否签到别的合同，但他没有得到回应。

到了秋天，斯塔福德的家庭已无法支付各种账单。空军部队的津贴只够付他们住房的抵押贷款。生活费用则全靠他的妻子阿曼达，他们还要供养3个孩子，而且还要偿还斯塔福德在部队时留下的信用卡上的欠债。他们的财政状况可想而知。

渐渐地，夫妻俩发现他们传送的是不同的波长。"本想走到一起"，阿曼达说，"谁知反而离得更远。"

至于阿曼达为什么能坚持，她说："当我们宣誓结婚时，就知道应该同甘共苦。"

她把家庭的败而复兴大部分归功于她丈夫全然的决断，她说："斯塔福德的性格很倔强，他做什么就要做到底，达到他的目的，我的丈夫是我精神上的伴侣，尽管我们会遇到一些事情，但他总是能带领我们度过。"

他的确做到了，可是费了3年的时间。

他的第一个重大的突破来自斯塔福德给重组信托公司的一个电话。当他有一天打电话去寻找工作时，重组信托公司告诉他，他们正好得到了一大宗新的生意，需要一些帮助。

就像为哈伯工作一样，这次的工作是要求"环球技术"公司提供宽泛的

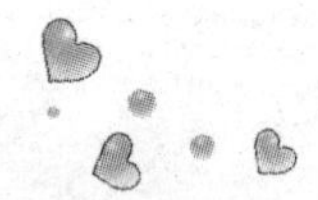

服务，范围从管理人员到勤杂人员。

每天早晨，斯塔福德这位工商管理学硕士，便作为重组信托公司系统的一员去工作。环球系统与技术公司的一部分责任就是管理这些办公室，看看这些屋子是否清洁整齐，敏感的文件是否安全地放好。重组信托公司也许以为雇了“环球技术”就有了全体工作人员，可实际上只有斯塔福德一人而已。

当组里别的人都下了班时，斯塔福德还得留下来。他脱下西装换上工作服，开始整理场地，打扫清洁，拉开文件箱把文件收藏好。有好几个月，他都工作到深夜。

起初他还一直小心翼翼，可是，消息最终传了出去，但重组信托公司没有非难斯塔福德的双重角色，反而深受感动。他们给了斯塔福德另一次机会：一份3年期、250万美元的合同。

公司从扩展经营范围发展到总收入增长超过400%，他的公司能够做顾客需要的任何事情，从为联邦航空局核对账单，到设计军队训练的模拟机械、为白俄罗斯共和国开办电脑培训学校、为美国海关总署运行网络控制中心。

斯塔福德给想要成功的人提出以下忠告：

如果有什么真是你想要做的，那就去做吧，千万别停下来—比如跑100米冲刺，我相信，不会有人在90米就能得到奖牌，你得越过终点线。”

他认为自己最大的优点是保持冷静。无论遇到怎样的麻烦，他都能坚持下去，消息愈是不妙，他就愈冷静。

别让你的自负挡在你和你的目的之间，如果有必要去干拣汽水瓶的活儿，那就去拣吧—要以足够的谦卑去做那些成功要求你做的事情。

（佚名）

苦难与不幸

每当年轻人在人生中突遭打击的时候，总能从它那里吸取足够的冷静和力量，不论在怎样的艰难之中，总能保持一种乐观向上的精神。

在一个小区的楼群里，住着两位很特别的人，33号住着一位年轻人，左邻32号是个老人。

老人一生相当坎坷，多种不幸都降临到他的头上：年轻时由于战乱几乎失去了所有的亲人，一条腿也在空袭中不幸被炸断；“文革”中，妻子忍受不了无休止的折磨，最终没能和他同舟共济，并跟他划清了界限，离他而去；不久，和他相依为命的儿子又丧生于车祸。

可是在年轻人的印象之中，老人一直矍铄爽朗而又随和。

而隔壁邻居的那个年轻人却与之相反，常常是愁眉苦脸，什么时候都显得很忧郁。当他听别人讲33号那个老人一生中的经历以后，就想和老人聊聊。于是年轻人便找了个机会到了老人的家里聊起了天，并把他的愁事跟老人说了。老人并没有说什么，只是笑。

年轻人终于忍不住了，便问：“您经受了那么多苦难和不幸，可是为什么看不出您有伤怀呢?”老人无言地将年轻人看了很久，然后，将一片树叶举到年轻人眼前：“你瞧，它像什么?”

“这也许是白杨树叶，而至于像什么……”年轻人答道。

老人拿着手中的树叶对年轻人说：“你能说它不像一颗心吗？或者说就是一颗心?”

这是真的，是十分类似心脏的形状。年轻人的心为之轻轻一颤。

“再看看它上面都有些什么?”老人继续说道，一边说着，一边把手中的

树叶更近地向年轻人凑凑。年轻人清楚地看到，那上面有许多大小不等的孔洞，就像叶子中间被针扎了很多次似的。

老人收回树叶，放到手掌中，用沉重而舒缓的声音说："它在春风中绽出，在阳光中长大。从冰雪消融到寒冷的秋末，它走过了自己的一生。这期间，它经受了虫咬石击，以致千疮百孔，可是它并没有凋零。它之所以享尽天年，完全是因为对阳光、泥土、雨露充满了热爱，对自己的生命充满了热爱，相比之下，那些打击又算得了什么呢？"

老人最后把叶子放在年轻人的手里，他说："这答案交给你啦，这是一部历史，更是一部哲学啊。"

如今，年轻人仍完好无损地保存着这片树叶。每当年轻人在人生中突遭打击的时候，总能从它那里吸取足够的冷静和力量，不论在怎样的艰难之中，总能保持一种乐观向上的精神。

（佚名）

嫉妒因子

自从理查德搬来和哈里成为邻居后，一连几天哈里的心情都不是很好，情绪烦躁，寝食难安，不佳的心理状况直接影响了他的健康状况，总是感觉浑身无力。

自从理查德搬来和哈里成为邻居后，一连几天哈里的心情都不是很好，情绪烦躁，寝食难安，不佳的心理状况直接影响了他的健康状况，总是感觉浑身无力。

以前，理查德和哈里开着一样的福特汽车，可前不久他却换了一辆崭新的劳斯莱斯，那一直是哈里梦寐以求的汽车呀！虽然哈里知道自己的经济承受能力还远远没有达到开劳斯莱斯的水平，但每天看着邻居神气的样子，哈里心里实在不好受。

朋友为了安慰哈里，给他送来了一只小狗，名叫欧迪。哈里给欧迪买了很多好吃的食物，刚开始的时候，它还很喜欢，可自从见到了理查德，它就再也不吃哈里买的东西了。更奇怪的是，欧迪经常去用爪子敲理查德的门，有一次理查德给了它一根香肠，很快便被欧迪吃得精光。从此，欧迪几乎每天都往理查德家跑，去讨食物吃，就连吃剩的冷面包也会被它当做美味来享受，而对哈里给的香肠连看都不看一眼。

看到欧迪这样排斥自己的食物，哈里实在没有办法了，只好带着它敲开理查德的家门。哈里说："理查德先生，这只狗好像和你很有缘，不如你就收养了它吧。"理查德有些惊喜地问："你是说把欧迪送给我？"哈里说："是的，因为它现在不吃我的东西，它只吃你的东西。"尽管哈里的心里很不愿意，但还是将欧迪送给了理查德。理查德高兴地收养了。

还没过几天，欧迪便用爪子来敲哈里的门。他给了它一根香肠，它很快便吃了个精光。当它吃完了哈里家里的所有香肠和狗粮后，他便不想给它买任何吃的东西了。因为它已经不属于哈里，而是属于理查德了。

一天，哈里正出门准备上班，理查德在后面追了上来，焦急地说："您家里还有香肠吗？"哈里摇摇头。理查德接着问："狗粮也没有吗？"哈里又摇了摇头。"那么，"理查德再次问，"您家里难道连吃剩的冷面包也没有吗？"

后来，欧迪还是被哈里的朋友带走了。走时他对哈里说："这是科学家最新试验出来的一种狗，它的基因被植入了人类的嫉妒因子，所以总是以为别人的东西是最好的，才会导致上面发生的情况。"显然，朋友将欧迪送给哈里的用意很清楚，哈里感到很汗颜。

当即哈里就来到理查德家，向他道歉："对不起，我不该嫉妒你的劳斯莱斯汽车。"令哈里意外的是，理查德居然也向他道歉："说对不起的应该

是我，哈里先生。我是嫉妒你家的房子比我的漂亮，所以将原来的汽车加后花园卖了，才买了辆劳斯莱斯汽车，目的就是想让自己的心里得到一点平衡。”

（佚名）

权力的陷阱

它们都十分高兴，谁要是当上羊群的头羊，就意味着拥有整个羊群的指挥权。这里的好处太多了。可是，由谁当这个羊群的头领呢？

黑熊、灰狼、狐狸组成一个强盗团伙，常常肆无忌惮地袭击羊群，使羊群不得安宁。羊群中的头羊决定采取分化的办法，对付这伙邪恶的强盗。于是采取进谗言、挑拨离间等办法，但是没有成功，因为黑熊、灰狼、狐狸团结得很紧密，它们并不相信谣言。

后来头羊死了。死前，它把头羊的位置交给一只年轻的羊。这只年轻的羊并没有直接上任，而是提出了一个令大家十分吃惊的计划。它说，要请黑熊、灰狼、狐狸其中的一个来担任羊群的头领。

对此大家都坚决反对。但是被授予重任的年轻头羊却坚持自己的主张。它把这一决定告诉给黑熊、灰狼、狐狸。它们都十分高兴，谁要是当上羊群的头羊，就意味着拥有整个羊群的指挥权。这里的好处太多了。可是，由谁当这个羊群的头领呢？

黑熊想：我在团伙中力气最大，作的贡献也不小，这羊群的头领应让我来当。

灰狼想：我在团伙中最为凶猛，咬死的山羊最多了，论贡献我最大，这

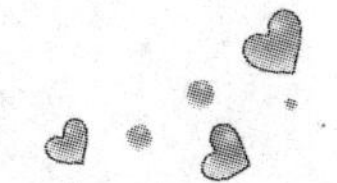

羊群的头领理应由我来当。

狐狸想：我在团伙中是智多星，很多点子都是我想出来的，我起的作用是最大的，这羊群的头领应由我来当。为此它们争执起来，互不相让，谁也不服谁。大家就这样僵持起来，火气越来越大。黑熊首先起了杀机，它决定用武力除掉灰狼和狐狸。黑熊趁灰狼不备时忽然向它发起了攻击，一下子就咬断了狼的脖子。黑熊还准备向狐狸下手。狐狸看出黑熊的心思，它处处防备着黑熊。同时，也准备除掉黑熊。

它找到一个猎人经过伪装的陷阱，陷阱上面只有一层树枝。于是，它便躺在上面假装睡觉。因为狐狸身体轻，并没有陷下去的危险。黑熊发现有了动手的机会，于是它猛扑向狐狸，可狐狸却迅速地躲开了。黑熊却一头栽进了陷阱里。剩下的只有狐狸了，但它已对羊群构不成威胁了。

这时，众羊才知道，权力原来是一个陷阱。

（佚名）

第三辑　用爱来浇灌生命

从那天开始，男孩儿慢慢变得乐观向上起来。一天晚上，小男孩躺在床上睡不着，看着窗外那明亮皎洁的月光，忽然想起生物老师曾说过的话：植物一般都在晚上生长，何不去看看自己种的那颗小树。当他轻手轻脚来到院子里时，却看见父亲用勺子在向自己栽种的那棵树下泼洒着什么。顿时，一切他都明白了，原来父亲一直在偷偷地为自己栽种的那颗小树施肥！他返回房间，任凭泪水肆意地奔流……

生命的林子

在法门寺这片“森林”里，玄奘苦心潜修，后来，成为一代名僧，他的枝叶，不仅穿过云层，伸进了天空，而且承接了西天辉煌的佛光。

据说唐玄奘剃度之初，在法门寺修行。法门寺是个香火鼎盛、香客络绎不绝的名寺，每天晨钟暮鼓、香客如流。玄奘想静下心神，潜心修身，但法门寺法事应酬太繁，自己虽青灯黄卷苦苦习经多年，但谈经论道起来，自己远不如寺里的僧人。

有人劝玄奘说：“法门寺是个誉满天下的名寺，水深龙多，纳集了天下的许多名僧，你若想在僧侣中出人头地，不如到一些偏僻小寺中阅经读卷，这样，你的才华便很快显露了。”

玄奘思忖良久，觉得这话很对，便决定辞别师父，离开这吵吵嚷嚷高僧济济的法门寺，寻一个偏僻冷落的深山寺去。于是玄奘就打点了经卷、包裹，去向方丈辞行。

方丈明白玄奘的意图后，问玄奘：“烛光和太阳哪个更亮些？”玄奘说当然是太阳了。方丈说：“你愿意做烛光还是太阳呢？”

玄奘认真思忖了很久，郑重地回答说：“我愿意做太阳！”于是方丈微微一笑说：“我们到寺后的林子去走走吧。”

法门寺后是一片郁郁葱葱的森林。方丈将玄奘带到不远处的一个山头上，这座山头上树木稀疏，只有一些灌木和零星的三两棵松树，方丈指着其中最大的一棵说：“这棵树是这里最大最高的，可它能做什么呢？”玄奘围着树看了看，这棵松树乱枝纵横，树干又短又扭曲，玄奘说：“它只能做煮粥的薪柴。”

方丈又信步带玄奘到那一片郁郁葱葱密密匝匝的林子中去，林子遮天蔽日，棵棵松树秀欣、挺拔。方丈问玄奘说："为什么这里的松树每一棵都这么修长、挺直呢？"

玄奘说："都是为了争着天上的阳光吧。"方丈郑重地说："这些树就像芸芸众生啊，它们长在一起，就是一个群体，为了一缕阳光，为了一滴雨露，它们都奋力向上生长，于是它们棵棵可能成为栋梁，而那远离群体零零星星的三两棵，一团一团的阳光是它们的，许许多多的雨露是它们的，在灌木中它们鹤立鸡群，没有树和它们竞争，所以，它们就成了薪柴啊。"

玄奘听了，便明白了。玄奘惭愧地说："法门寺就是这一片莽莽苍苍的大林子，而山野小寺就是那棵远离树林的树了。方丈，我不会离开法门寺了！"

在法门寺这片"森林"里，玄奘苦心潜修，后来，成为一代名僧，他的枝叶，不仅穿过云层，伸进了天空，而且承接了西天辉煌的佛光。

（佚名）

只因一点灰尘多等了11年

他当时并没有在意，错将照片上的冥王星当成了镜头上那一点儿没擦干净的灰尘。这导致匹克林最先拍摄的冥王星的照片静静地沉睡了11年，他也因此失去了发现冥王星的机会。

1905年，美国天文学家洛韦尔发现，天王星和海王星的运动中有一些现象是无法作出解释的。因此他预言在海王星外可能还存在一颗未知的大行星，并指出了这颗未知的行星所在的大体方位。

遗憾的是，尽管洛韦尔耗费了大量心血，经过十多年的观测，利用各种仪器对天空进行拍照搜索，但是直到他去世也未能找到他所预言的行星。

在洛韦尔之后，天文学家匹克林决定将洛韦尔的事业进行到底。他也拍摄了大量的天体照片，一干又是十几年，但还是毫无发现。

1930年，美国业余天文爱好者汤博利用折射望远镜沿着整个黄道进行系统拍照，经过比较，他发现照片上有一个光点的位置有了明显的移动。他用望远镜直接跟踪观察，终于获得了天文学上的又一重大发现--人们期待已久的冥王星终于被找到了。

当汤博宣布这一发现，指出冥王星的位置就在他拍摄的双子星座的照片上，与洛韦尔所指出的位置只差5度时，匹克林猛然想起自己也曾拍摄过那个方位星空的照片。他找到那张照片，很容易地在自己的照片上找到了冥王星的亮点。

这时，他突然回忆起来：记得那天拍摄时镜头好像没擦干净，照片上冥王星的位置正好有一点儿灰尘的影子。所以他当时并没有在意，错将照片上的冥王星当成了镜头上那一点儿没擦干净的灰尘。这导致匹克林最先拍摄的冥王星的照片静静地沉睡了11年，他也因此失去了发现冥王星的机会。

我们不得不为匹克林深感惋惜，他与成功失之交臂，仅仅因为他没有把镜头擦干净。

（佚名）

鲁迅刻“早”字

每次当鲁迅气喘吁吁地准时跑进私塾，看到课桌上“早”字的时候，他都会充满了自豪感，因为自己又一次战胜了困难，又一次实现了自己的诺言。

鲁迅是中国著名的文学家、思想家和革命家，鲁迅的精神被称为中华民族魂，并且是中国现代文学的奠基人之一。在这一生中，鲁迅共写了小说、散文、杂文共100多篇。

鲁迅出生于一个破落的士大夫家庭，他小时候便聪颖勤奋，喜好读书。三味书屋是清末绍兴城里的一所著名的私塾，鲁迅十二岁到十七岁一直在这里跟随寿镜吾老师学习。鲁迅的坐位位于书房的东北角，这是一张硬木书桌，上面还刻着一个醒目的“早”字。

13岁的时候，鲁迅的祖父因科场案被逮捕入狱，父亲长期患病，家中的经济每况愈下。鲁迅就经常到当铺卖掉家里值钱的东西，然后再在药店给父亲买药。一次，父亲病重，鲁迅一大早就去当铺和药店，等赶到学校的时候，老师已经开始上课了。老师当时并不知道发生了什么事情，生气地说：“都这么大了，还贪睡不起床，如果下次再迟道就给你重重的惩罚。”

鲁迅并没有为自己作任何辩解，只是低着头默默回到自己的坐位上，暗暗地在心里下决心一定要做一个自律的人。第二天，鲁迅一早就来到了学校，在书桌右上角用小刀刻了一个“早”字，心里暗暗地许下诺言：以后一定要早起，不能再迟到了。

接下来的日子里，父亲的病一天比一天重，需要鲁迅更频繁地到当铺去卖东西，然后到药店去买药。然而这么多事情并未难倒鲁迅，他每天天不亮就早早起床，料理好家里的事情，然后再到当铺和药店，之后又急急忙忙地跑到私塾去上课，从来没再迟到过。

每次当鲁迅气喘吁吁地准时跑进私塾，看到课桌上“早”字的时候，他都会充满了自豪感，因为自己又一次战胜了困难，又一次实现了自己的诺言。

十八岁那年，鲁迅考入了免费的江南水师学堂；后来又公费到日本留学，学习西医。1906年，鲁迅又放弃了医学，开始从事文学创作，先后在北京大学、北京师范大学等学校教过课，成为中国新文学运动的倡导者。这位文坛的巨人将他毕生的精力都贡献给了中华民族的振兴事业上。

（佚名）

苦难不都是财富

他在自传中这样写道：“苦难，是财富还是屈辱？当你战胜了苦难时，它就是你的财富；可当苦难战胜了你时，它就是你的屈辱。”

在一次成功的实业家和明星云集的聚会上，英国著名的汽车商约翰·艾顿向他的朋友——后来的英国首相丘吉尔，这样描述起他的过去：

他出生在一个偏远的小镇，父母早逝，是姐姐靠帮人洗衣服、干家务等，辛苦挣钱将他抚育成人。但姐姐出嫁后，姐夫将他撵到了舅舅家，舅妈更是刻薄，在他读书时，规定每天只能吃一顿饭，还得收拾马厩和剪草坪。刚工作当学徒时，他根本租不起房子，有将近一年多时间是躲在郊外一处废旧的仓库里睡觉……

丘吉尔听完后，觉得很惊讶，于是很好奇地问道：“以前怎么没有听你说过这些？”

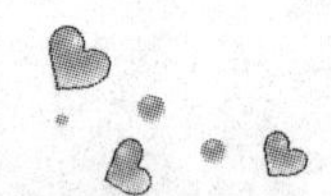

艾顿笑着回答他说:“这有什么好说的呢?正在受苦或正在摆脱受苦的人是没有权力诉苦的。”

艾顿接着解释道:“苦难变成财富是有条件的,这个条件就是,你战胜了苦难并远离苦难不再受苦。只有在这时,苦难才是你值得骄傲的一笔人生财富。别人听着你的苦难时,也不觉得你是在念苦经,只会觉得你意志坚强,值得敬重。但如果你还在苦难之中或没有摆脱苦难的纠缠,你说什么呢?在别人听来,无异于就是请求廉价的怜悯甚至乞讨……这个时候你能说你正在享受苦难,在苦难中锻炼了品质、学会了坚韧吗?别人只会觉得你是在玩精神胜利、自我麻醉。”

丘吉尔听完艾顿的一席话,深受启发,于是重新修订了他“热爱苦难”的信条。

他在自传中这样写道:“苦难,是财富还是屈辱?当你战胜了苦难时,它就是你的财富;可当苦难战胜了你时,它就是你的屈辱。”

(佚名)

一辆只值两块钱的车

他每天总是乐呵呵的,对什么事都表现出乐观的态度。他常说:“碰到什么事都应该朝好的方面想,不要总是被已经发生的坏事困扰,那样会一直活在过去的痛苦阴影中。”

奥立佛在一家公司里做小职员,虽然收入不高,但他每天总是乐呵呵的,对什么事都表现出乐观的态度。他常说:“碰到什么事都应该朝好的方面想,不要总是被已经发生的坏事困扰,那样会一直活在过去的痛苦阴影中。”

奥立佛很爱车，在他心里，车子简直比女人还要可爱。但是凭他每月仅够糊口的收入，想买一辆车是不可能的。与朋友们在一起玩的时候，他总是说："等我有了钱，不买房子都要先买一辆车，以后吃在车里，住在车里。"每次说这话的时候，奥立佛的眼中都充满了无限向往。

他的朋友逗他说："你去买彩票吧，要是中了奖你就可以买一辆车了！"奥立佛听了朋友的话，抱着买着玩的心理就花了两块钱买了一张彩票。可能是上帝听见了奥立佛想要一辆车的愿望，奥立佛那张两块钱的彩票，居然真的中了一个超级大奖。

奥立佛终于如愿以偿，他在第一时间里就拿着钱跑到汽车市场买了一辆车，是一辆丰田越野，看起来特别威风，朋友们都很羡慕。从此，奥立佛每天上下班的时候都开着他的新车，脸上总是洋溢着开心的笑容。他逢人便说："要搭顺风车吗？我有车了。"

天有不测风云。在-个周末的晚上，奥立佛带着女友去电影院看电影，就把车停在了电影院外面的马路边上，等他看完电影出来时，发现自己的新车已经不见了。

朋友们知道这个消息后，想到他那么爱车如命，刚买不久的新车说没就没了，都担心他受不了这个打击，便相约来安慰他："奥立佛，车丢了就丢了，你千万不要太痛苦啊！"奥立佛大笑起来，说道："嘿，我为什么要那么痛苦啊？"朋友们以为他受不了打击变得有点傻了，都很担心地望着他。

这时，奥立佛接着说道："如果你们谁不小心丢了两块钱，会痛苦吗？"

"就两块钱，我当然不会痛苦了！"有人说。

"是啊，我那辆车不就是两块钱换来的吗？我丢的仅仅是两块钱而已啊！"奥立佛笑道。

（佚名）

坏邻居

校董们相顾半晌，哑然失笑，他们发现身为世界著名学府的董事，竟然忘记了教育的功能。

在美国东部有一所著名的学府，它的入学需要平均90分以上的成绩，它一门课的学费，可以相当于普通家庭整月的开销，它的学生常穿着印有校名的T恤在街上招摇……

但是，这个学校有着严重的困扰，因为它紧邻一个治安极坏的贫民区，学校的玻璃经常被顽童打碎，学生的车子总是失窃，学生在晚上被抢已不是新闻，有的女学生甚至遭人强暴。

"我们这么伟大的学校，怎能有如此糟糕的邻居。"董事会议一致通过："把那些不上路的邻居赶走！"方法很简单——以学校雄厚的财力把贫民区的土地和房屋全部买下，改为学校校园。

于是校园变大了。但是问题不但没有解决，反而变得更严重了，因为那些贫民虽然搬走，却只是向外移，隔着青青的草地，学校又与新贫民区相接，加上广大的校园难于管理，治安状况变得更糟了。

董事会没了主意，请来当地的警官共谋对策。

"当你们与邻居相处不来时，最好的方法不是把邻人赶走，更不是将自己封闭，而是应该试着去了解、沟通，进而影响、教育他们。"警官说。

校董们相顾半晌，哑然失笑，他们发现身为世界著名学府的董事，竟然忘记了教育的功能。

他们设立了平民补习班，送研究生去贫民区调查探访，捐赠教育器材给邻近的中小学，并辅导就业，更开辟部分校园为运动场，供青少年们使用。

没过几年，这所学校的治安环境已经大大改善，而那邻近的贫民区，更眼看着步入了小康。

（佚名）

一晚解开两千年的数学悬案

多年以后，这个青年回忆起这一幕时，总是说：“如果有人告诉我，这是一道有2000多年历史的数学难题，我不可能在一个晚上解决它。”

1796年的一天，德国哥廷根大学的校园里，一个19岁的青年匆匆吃过晚饭，就回到宿舍开始做导师单独布置给他的每天例行的三道数学题。因为他很有数学天赋，导师很欣赏他，所以总是对他额外照顾，对他的要求也很高。

像往常一样，前两道题目简单一些，在两个小时内就顺利地完成了。这第三道题与往常不同，是单独写在一张小纸条上的，是要求只用圆规和一把没有刻度的直尺作出正17边形。青年没有多想，就开始做起来。可是做了一会儿，他额头上就冒出汗珠来了，觉得这道题实在有些困难。

作业第二天必须交给导师，导师每天单独给他布置作业，就是因为看中他的潜力，觉得他是一个难得的数学天才，他也很感激导师。

夜已经很深了，青年感觉有些疲倦，就这么放弃吗？不！那样导师就会不高兴的！困难激起了青年的斗志:我一定要把它做出来！他抖擞了一下精神，就拿起圆规和直尺，继续在纸上画起来，并不断尝试着用一些超常规的思路去解这道题。终于，当窗口露出一丝曙光时，青年长舒了一口气，他终于做出了这道难题！

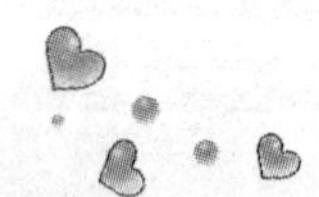

稍事休息，他就穿戴好去导师那里交作业，导师一看，当即惊呆了。他用颤抖的声音对青年说：“这真是你自己做出来的？天哪，你知不知道，你解开了一道有2000多年历史的数学悬案？阿基米德没有解出来，牛顿也没有解出来，你竟然一个晚上就解出来了！你真是天才！”

青年目瞪口呆。导师向他解释说：“我最近正在研究这道难题，昨天给你布置题目时，不小心把写有这个题目的小纸条夹在了给你的题目里。没想到你竟然解答出来了。”

多年以后，这个青年回忆起这一幕时，总是说：“如果有人告诉我，这是一道有2000多年历史的数学难题，我不可能在一个晚上解决它。”

这个青年就是数学王子高斯。

（佚名）

约会需要多大勇气

不过威勒欧普给杰夫的最珍贵的东西，还是鼓励他继续发挥先前那种勇气。而商业界或者其他任何地方，所需要的就是勇气。

美国科罗拉多州有一位年轻人叫做杰夫，他刚刚开始学做生意。一周前，他听说百事可乐的总裁卡尔·威勒欧普要到科罗拉多大学来演讲，于是立刻打电话找到卡尔·威勒欧普的助手，希望能找个时间和他会面，讨教一些经商的经验。可是那个助手告诉他，卡尔·威勒欧普的行程安排得很满，顶多只能在演讲结束后的15分钟内与他碰一下面。

于是，在卡尔·威勒欧普演讲的那天，杰夫早早就来到科罗拉多大学的礼堂外守候着。

卡尔·威勒欧普演讲的声音以及听众们的笑声和掌声不断从里面传来，不

知过了多久,杰夫猛然惊觉:预定时间已经到了,但是演讲还没有结束。卡尔·威勒欧普已经多讲了5分钟,也就是说,他和自己会面的时间只剩下10分钟了。

这时,杰夫当机立断,做出一个决定。他拿出自己的名片,匆匆在背面写下这样几句话:"先生,您下午2点半和杰夫·荷伊有约会。"然后他做个深呼吸,推开礼堂的大门,直接从中间的走道向卡尔·威勒欧普走去。

威勒欧普先生原本还在演讲,见杰夫走近,他停了下来。杰夫把名片递给他,随即转身从原路走回。他还没走到门边,就听到威勒欧普先生告诉台下的听众:"抱歉各位,我2点半有个约会,但显然我已经迟到了,所以我必须结束演讲。谢谢大家来听我的演讲,祝大家好运!"然后就走到外面。他看看名片,接着看看杰夫说:"我猜猜看,你就是杰夫。"他说着就露出了微笑,把右手伸了出去。他们的手紧紧握在了一起。

结果,那天下午他们谈了整整30分钟。威勒欧普不但告诉杰夫许多精彩动人、让杰夫到现在都还常拿出来讲的故事,还邀杰夫到纽约去拜访他和他的工作伙伴。

不过威勒欧普给杰夫的最珍贵的东西,还是鼓励他继续发挥先前那种勇气。而商业界或者其他任何地方,所需要的就是勇气。

(佚名)

放飞手中的气球

漫长的人生路上,他铭记气球的教训,放弃了其他的东西,一心一意地关注经济,一刻也不放松对自己钟情的经济学的研究。

他的父亲是纽约颇有名气的股票经纪人,母亲是不起眼的店员,一个与

数字为伍，一个与文艺结缘。他从父母那儿继承了两份不同的天赋：数字和音乐。

他原本可以过上幸福生活，然而，在4岁那年，父母在吵吵闹闹中终于离了婚。

父母离异之后，他随母亲生活，日子过得很清贫，好在他母亲十分疼爱他，在成长路上，还算一帆风顺。他的母亲迷恋音乐，喜欢在绿茵茵的草上唱歌，并且擅长多种乐器。在母亲的熏陶下，他也喜欢上了音乐，并在幼时暗下决心：长大后一定要当一名职业音乐人。

8岁那年，他随母亲到纽约市郊外一座森林公园郊游，一路上哼着母亲的歌，欢天喜地。一到目的地，他和往常一样，抓起几个五颜六色的气球在绿地上奔跑，似欢快出笼的小鸟，看到气球，他母亲感慨颇深。儿子数学启蒙的道具正是这色彩斑斓的气球。从认识10个数开始，便与它们结缘。5岁的时候，他在逻辑推理能力开始形成，不借助气球能心算三位数的加减法。不过在心算的同时，他手上仍不停地拨弄气球。每个孩子都有自己最喜欢的玩具，他也不例外。气球就是他最贴心的玩具。

他在公园的林间跑呀跑，他母亲在后面边追边哼着小曲。母子嬉戏了一段时间，都感觉有点累，然后，面对面地坐在地上休息。母亲从包里取出一支精致的口琴放在嘴上，左右推移，林间立即回响起悠扬的琴声。

他瞪大眼睛，准备伸手向母亲要口琴，却又舍不得放飞气球。左右为难之际，母亲停了吹奏，朝他不住地发笑。在短短的几秒钟内，他做出选择，松开手，扑向母亲，索要她手中的口琴。气球在风中飘啊飘，倏地掠过树梢，飞向蓝天。

这一天，他学会了吹奏口琴，悠悠琴声响遍树林，这琴声也在他人生路回响。从此，他懂得了选择。第一次知道该舍弃的应该大胆舍弃，该抓住的要毫不犹豫地抓住。打这以后，他真正地走进音乐，并沉迷其间。

在乔治·华盛顿中学毕业后，他考进著名的纽约米利亚音乐学院，正可谓如鱼得水。但是，学业尚未过半，他发现自己在这方面很难有长进，对音乐

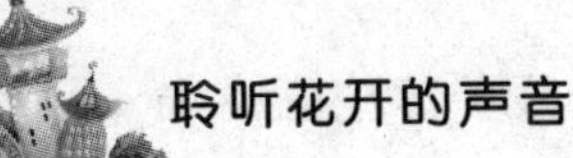

产生厌倦。与此同时，他对数字和经济发生浓厚兴趣。犹豫不决的时候，他想起了8岁那年在郊外放飞气球的情景，脑子里总浮现那几只飞向蓝天的气球。

冥冥之中，那几只气球给他暗示，也给他力量，他毅然决然地退了学，进入纽约大学商学院学习，开发自己另一份天赋。1948年，他获得经济学学士学位。两年后，他又以最优秀的成绩获得经济学硕士学位，并到哥伦比亚大学深造。在哥伦比亚大学，他遇见人生第一位伟大的良师益友，后来在尼克松政府中出任美国联邦储备委员会主席的亚瑟·博恩斯教授。

由于他家中贫困，无力支付哥伦比亚大学的费用，被迫中途退学。他的学业就这么拖着，这一拖就是近30年。漫长的人生路上，他铭记气球的教训，放弃了其他的东西，一心一意地关注经济，一刻也不放松对自己钟情的经济学的研究。

苍天不负有心人。1977年，51岁高龄的他终于戴上哥伦比亚大学的博士帽。10年后，他被里根总统任命为美国联邦储备委员会主席，成了一位跺跺脚整条华尔街都会地震的重量级人物。

他，就是艾伦·格林斯潘。

（佚名）

没有一句台词的奥斯卡影后

她相信，她的心和所有人一样健康。正如她自己所说的那样：我的成功，对每个人——不管是正常人还是残疾人，都是一种激励。不能坐等和指望苍天，一切都取决于自己。

美国有一个举世闻名的电影奖，叫奥斯卡金像奖，每年颁发一次，用以鼓励和表彰那些在电影艺术方面取得突出成就的电影从业人员，促进电影文

化、教育和科学水平的提高。它象征着电影界的最高荣誉。

1987年3月30日晚上，拥有3250个位子的洛杉矶音乐中心的钱德勒大厅内灯火辉煌，座无虚席，人们期盼已久的第59届奥斯卡金像奖的颁奖仪式正在这里举行。在热情洋溢、激动人心的气氛中，仪式一步步地接近高潮……

高潮终于来到了，到了揭晓最佳女主角的时刻，所有人的心都悬了起来。终于，主持人大声宣布："玛莉·马特琳！"全场立刻爆发出经久不息的雷鸣般的掌声。玛莉·马特琳在掌声和欢呼声中，一阵风似的快步走上领奖台，从上届影帝——最佳男主角奖获得者威廉·赫特手中接过奥斯卡金像。很多电视机前的观众看到她用手语向观众示意，这才明白：原来，她是个聋哑人。

1966年，马特琳出生于美国的一个商人家庭。父亲是汽车商人，母亲是珠宝店经销员，一个哥哥是股票和证券经纪人，另一个哥哥是餐馆的服务员，她是家里唯一的女儿。但在玛莉·马特琳出生刚18个月的时候，一次高烧夺去了她的听说能力。这对她来说是异常残酷的。但她并没有因为从小就伴随自己的残疾而丧失生活的信心和乐趣。相反，她对生活充满了热情。她8岁加入伊利诺州儿童剧院，9岁时就开始正式登台表演。她还能时常在电影中被邀请用手语扮演聋哑角色。她利用这些演出机会不断锻炼自己，提高演艺。

正是因为她的努力，她在舞台剧《小上帝的孩子》中把一个微不足道的角色饰演得有声有色，也正是如此，女导演兰达·海恩丝决定将这部舞台剧拍成电影时，才毫不犹豫地决定由她担任女主角--萨拉的扮演者。

结果，在全片中没有一句台词，全靠极富特色的眼神、表情和动作，马特琳成功地揭示了主人公自卑和不屈、消沉和奋斗的内心世界，表演得惟妙惟肖，令人拍案叫绝，最终一举折桂，从而成为奥斯卡金像奖颁奖以来最年轻的最佳女主角奖获得者，也成为美国电影史上第一个聋哑影后。

她相信，她的心和所有人一样健康。正如她自己所说的那样：我的成功，对每个人--不管是正常人还是残疾人，都是一种激励。不能坐等和指望苍天，一切都取决于自己。

（佚名）

一个天才的堕落

可是无论他对自己面临的处境认识得多么深刻，他还是没能控制自己的行为，最后只能在穷困潦倒之中一事无成地死去。

本杰明·卡斯坦特被称为法国历史上最具天赋的人之一。他在童年的时候，就能吟诵诗歌，而且过目不忘。更令人惊叹的事，对那些读过的诗歌，他总是有一套自己独特的见解。当其他同龄的孩子刚刚学会背诵几首儿歌的时候，本杰明·卡斯坦特已经在写作方面崭露头角了。在十几岁的时候，他就以绝世的才华而名震人才济济的法国文坛。

本杰明·卡斯坦特也对自己的才华深信不疑，他立志要写出一部万古流芳的巨著。的确，以他的才华和智慧实现这一愿望本来没有太大的悬念，可是当他的一生匆匆结束的时候，他也没有完成这样一部巨著。怎么会这样呢？

原因还需要从本杰明·卡斯坦特自己身上寻找。虽然他少年时代受尽了家长和长辈们的尊宠，并且被当时的许多文豪所看好，但是到了20岁以后，本杰明·卡斯坦特开始对任何事情都不感兴趣。尽管他只要一会儿的工夫就可以通读几本书，但是他却再也不愿意从任何一本书上汲取知识，因为他觉得书上写的那些东西他早就读懂了。虽然他也经常为自己昔日的理想而热血沸腾，但当他真正开始实施时，又觉得完成文学巨著需要花费的时间太长，而他实在没有那种耐性和精力，于是就暂时搁置了。他也曾经写过一些作品，但那都是为了维持生活而作，没有一篇文字是他的呕心沥血之作。

而且，由于他的书一度滞销，他的生活也拮据起来。为了摆脱日益贫困的生活，他开始频繁出入赌场，企图在一夜之间暴富，等有了足够的钱，再

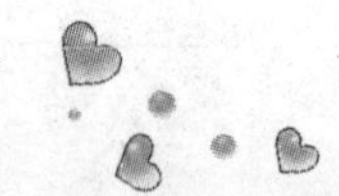

进行自己喜爱的写作事业。可是，当有了一点点钱财之后，他又沉溺于女色，不能自拔，他认为纵情声色要比一个人冷冷清清地趴在桌子上写作要舒服得多。

就这样，本杰明·卡斯坦特成天游手好闲，渐渐堕落为一个标准的赌徒。他更加放纵自己，不顾名声和尊严，一味地出入赌场和色情场所。他看不起任何人，人们更看不起他，有身份的人都不再愿意与他为伍。

当本杰明·卡斯坦特意识到自己面临的尴尬处境时，他高呼："我就像地上的影子，转瞬即逝，只有痛苦和空虚为伴。"他还说自己是一只脚踩在半空中的人，永远无法脚踏实地。他将自己完不成巨著的原因归结为精力不足。他梦想拥有俄国大文豪托尔斯泰一样过人的精力，并且表示愿意以自己的才智交换。可是无论他对自己面临的处境认识得多么深刻，他还是没能控制自己的行为，最后只能在穷困潦倒之中一事无成地死去。

（佚名）

廉洁自律的周总理

一次，他看周总理吃饭的时候，掉了一个饭粒在桌上，总理毫不犹豫，立即连夹两次才夹住放进嘴里，笑着吃了下去。

周恩来是我国伟大的无产阶级革命家、政治家、军事家和外交家，任职总理期间深受中国人民爱戴。

周总理的光辉形象一直被人们所称道，因为他在缔造和建设新中国的伟大历史进程中，为党和人民建树了不可磨灭的丰功伟绩。而更重要的是，周总理一生严于律己，清正廉洁，不求索取，但求奉献，把一切献给了党和人民。

大多数人都认为，总理家的衣厨一定是又大又满的，而周总理又总是那样衣冠楚楚，风度翩翩，衣服更是少不得。然而，事实上周总理只有几套服装，而且大都穿了十几年甚至几十年，有些衣服破损了，他就让人精心织补后再继续穿。一次，周总理在接待外宾，身上穿的就是织补过的衣服，工作人员提醒总理，这套“礼服”早该换换啦。可是周总理却笑笑说：“穿补钉衣服照样可以接待外宾，织补的那块有点痕迹也不要紧，别人看着也没关系。丢掉艰苦奋斗的传统才难看呢！”

1963年，周总理出访亚非欧14国，到了开罗，他换下了缝补多次的衬衣，随行的工作人员不便拿给外国宾馆去洗，只好请埃及使馆的同志帮忙，并千叮万嘱洗的时候不要太用力，以免搓破。

周总理的饮食也是俭朴而有规律的，总理家里的饭菜很简单，主食以粗粮为主，副食一般是一荤、一素、一汤。他说：“四菜一汤既经济又实惠。”总理每次到外地视察或主持会议，都跟大家吃同样的饭菜，从不搞特殊，并且在离开时一定付清钱和粮票。

有一次，周总理到上海出差，听说有的领导同志带着夫人、孩子到其他地方，全部食宿费用都由地方开支，非常生气。回北京之后，他在全国第三次接待工作会议上向各省市代表提出：“今后无论哪个领导到省里去，吃住行等所有开支，地方一概不要负担，都要给客人出具账单，由本人自付。这要形成一种制度。”一位专机机长曾经回忆道：一次，他看周总理吃饭的时候，掉了一个饭粒在桌上，总理毫不犹豫，立即连夹两次才夹住放进嘴里，笑着吃了下去。

宋庆龄曾经说过：“周总理在个人生活和作风上，和他在政治上一样，是一个真正的共产主义者。”

（佚名）

合作才能双赢

基于各自的需要，向蜜鸟与蜜獾这一对飞禽走兽便取长补短，相互依赖起来。每当一只向蜜鸟发现一个蜂巢时。它便发出刺耳的尖叫，同时在林间穿飞。

在非洲原野上，有一种十分勇敢的小动物叫做蜜獾。它是一种凶残而好斗的动物，不像别的掠食动物一样撕咬敌人的喉咙，而是直接攻击敌人的腹股沟。它最爱钻进蜂巢的深处，寻找美味的蜂蜜。但是颇为遗憾的是，蜜獾发现蜂巢的本领相当拙劣。

当地有一种极受居民欢迎的灰色小鸟，它比麻雀稍微大一些，由于它们非常善于发现蜂巢，被人们称为向蜜鸟。向蜜鸟最感兴趣的食物，则是组成蜂房的蜂蜡和野蜂幼虫。但是，向蜜鸟的力气非常小，它们根本不可能将蜂巢弄碎。

基于各自的需要，向蜜鸟与蜜獾这一对飞禽走兽便取长补短，相互依赖起来。每当一只向蜜鸟发现一个蜂巢时。它便发出刺耳的尖叫，同时在林间穿飞。一旦飞行中向蜜鸟发现蜜獾，它就落下去啄蜜獾的头，于是蜜獾开始追赶向蜜鸟。就这样，向蜜鸟把蜜獾引到蜂巢前，它栖在树枝上静观蜜獾捣毁蜂巢。很快，蜜獾喝足了蜂蜜，吃够了蜂卵扬长而去。这时蜂群因家园被毁而四下逃逸，向蜜鸟就飞下树枝来，不慌不忙地享用被蜜獾咬碎的蜂房蜡和野蜂幼虫。

无独有偶，牧蚁和蚜虫也是这样的一对相互合作、生死相依的组合。因为蚜虫的排泄物（称为蜜露）含有氨基酸和糖分，这种成分很能刺激牧蚁的味蕾。每当牧蚁饿了时，它就会用触角去拍打蚜虫的背部，促使蚜虫分泌蜜露。

在有些时候，牧蚁还会用树叶和小树枝精心地为蚜虫搭一只漂亮的小巢，每晚将蚜虫集中在小巢内，甚至在迁移之时，牧蚁也会带上蚜虫一起启程。

牧蚁常常还扮演蚜虫的保护神。一旦发现有其他昆虫侵犯蚜虫，牧蚁就会对来犯者群起而攻之。

玉米地里的牧蚁甚至还会在秋天到来的时候,将玉米上的蚜虫卵收集起来,藏在地下的蚁穴中,使之冬天不被寒冷的天气冻死。当来年春回大地时,牧蚁就会将蚜虫卵取出让其孵化,孵化后的新蚜虫又可为牧蚁提供新鲜的蜜露了。

（佚名）

让自己更耀眼

他在传记中谦逊地说：“我仅是一粒微弱的星火，如果我还有高明的地方的话，就是我懂得如何把自己放在一个恰当的位置上，让微弱的光更耀眼一些罢了。”

安迪在一家拥有近千名员工的大公司里谋到了一个还不错的职位，这让很多人羡慕不已。但是，安迪自己却十分苦恼，因为在这个大公司中，他已经在这个职位上辛辛苦苦干了三年了，每一天都不敢懈怠。可奇怪的是，领导似乎从来没有看到这一点。三年来安迪一直得不到提拔和重用。

有一天晚上，安迪想要到地下室去取一些急需的东西，可在这时，突然停电了！四周一片漆黑。他马上摸索着出去找蜡烛，却没有找到，他从不抽烟，所以也没有打火机。

正当他无计可施的时候，无意间碰到了一张音乐贺卡，那贺卡马上就响了起来，伴随着悦耳的声音，小小的灯泡一闪一闪的，很漂亮。他打开贺卡，发现小灯泡还挺亮的。

于是，他想：“如果带着它去地下室找东西，也许还可以凑合着用吧！”

果然，在伸手不见五指的地下室里，贺卡的光亮显得非常炫目，借助着这点光亮，安迪很容易地就找到了要找的东西。

安迪从这件小事上突然明白了一个道理。

不久以后，安迪就从他所在的那个大公司辞职了，来到一个只有30个人的小公司。他的新工作只是市场部的一个小职员，比起他以前的工作，这个工作简直就是小儿科，薪水也十分微薄，但是安迪知道自己想要什么，他毫无怨言，决心从头做起。

由于他在原来的公司积累了丰富的工作经验，轻车熟路，再加上不懈的努力和独特的眼光，短短几个月之后，他就升任了项目部经理。然而，他并没有在这个位置上待多久，就从这家公司跳槽到了另一家更适合他的公司，并逐渐做到了总经理的位置。

几年之后，安迪已经成了一家跨国大公司的董事长。

他在传记中谦逊地说："我仅是一粒微弱的星火，如果我还有高明的地方的话，就是我懂得如何把自己放在一个恰当的位置上，让微弱的光更耀眼一些罢了。"

（佚名）

敢让国王碰钉子的人

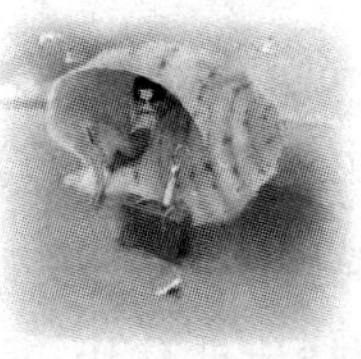

这次冲突是英国法律专业化历史上的一座里程碑，这段对话也被传为佳话了。此后，英国的司法便成了职业法律家的垄断领域。

1608年的某一天，英格兰国王詹姆斯一世在王宫中，感觉无聊，忽然想起，有很久没有到皇家法院去亲自审理案子了。他突然来了兴致：今天何不去一趟，审一桩小民案件，解解闷儿，也顺便体察一下民情。

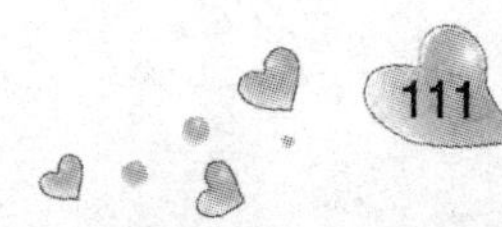

于是国王带着随从来到法院，普通诉讼法院首席大法官柯克爵士接待了他。柯克毕业于剑桥大学，从1606年开始担任高等民事法院院长。但令国王颇感意外和气恼的是，他要审理案件的要求在柯克这儿碰上钉子了。

“整个英格兰都在我的统治之下，区区一桩案件，难道我竟然无权亲审吗？这是什么道理？”国王满脸不快，质问柯克大法官。

“陛下息怒。陛下当然是国家的最高首脑，内政大事、外交方略，都由陛下总揽。但是，陛下要亲审案件这事，却是万万不可。”柯克显得很恭顺，但眼神中却透出一份坚定不屈。

“哈哈，国王不能审案，这倒是桩新鲜事。英格兰法律向来秉承以理性为依据。我的大法官阁下，你不让我审案，显然是认为我天生愚笨，不及你和你的同僚们有理性喽。”国王语中带刺儿。

柯克并不退让，一板一眼地说了一番话，这段话在英国法律史上影响深远——“不错，上帝的确赋予陛下极其丰富的知识和无与伦比的天赋；但是，陛下对于英格兰王国的法律并不精通。法官要处理的案件动辄涉及臣民的生命、继承、动产或不动产，只有自然理性是不可能处理好的，更需要人工理性。法律是一门艺术，在一个人能够获得对它的认识之前，需要长期的学习和实践。”

后来，尽管英王一再委以他王座法院大法官和枢密院成员的重任，但丝毫改变不了他用普通法约束王权的政治理想。1620年，柯克参与起草了《权利请愿书》，使之成为英国不成文宪法的一部分。

这次冲突是英国法律专业化历史上的一座里程碑，这段对话也被传为佳话了。此后，英国的司法便成了职业法律家的垄断领域。不只是英国，在当今的西方各国，从事法律职业都要以接受过正规的大学法律教育为前提。

（佚名）

成也经验，败也经验

他们听说，大海那边是一个好地方，那里物产丰富，人口又多，气候适宜，非常容易发财。于是，三个人仔细商量后，决定克服一切困难，到大海那边去试试运气。

从前，有一个木匠、一个读书人和一个商人。他们从小一同长大，在一个靠近大海的地方生活了30年，日子久了，就渐渐有了厌烦的情绪。他们听说，大海那边是一个好地方，那里物产丰富，人口又多，气候适宜，非常容易发财。于是，三个人仔细商量后，决定克服一切困难，到大海那边去试试运气。

正当他们各自买好了船，仔细做着渡海的各项准备工作时，一位学识渊博、经验丰富的老人，特意赶来为他们送行，告诉他们，那个地方很远很远，要在大海上漂流很多天，海里气象多变，风浪很大，渡海的时候除了带足食物与淡水等物品外，还一定要带上指南针，免得迷失方向。临走前，老人还教给他们许多应付风浪的经验和措施。

对于老人的嘱咐，三个人有的相信，有的不信。木匠和读书人是相信的，所以每个人在置办了必要的生活用品和航海用具外，都买了一只性能优良的指南针。商人却不相信老人的话，认为自己走南闯北这么多年，有着丰富的航行经验，没有指南针，不照样闯过了许多大江大河吗？于是，他只将一些食物和淡水装在船上。

在一个风平浪静的日子，三个人的航船渐渐离开了海岸，向大海那边出发了。

走到半路，海面上突然起了大雾。木匠与读书人依靠指南针的导引，航船没有偏离航向，仍然顺利地向目的地驶去。商人没有指南针，他感觉四处都是朦朦胧胧的，无论自己如何调用过去的经验，仍然无法辨明方向。不久，他就与自己的伙伴失去了联系。结果不幸闯进了急流,落了个船翻人亡的悲惨结局。

木匠和读书人的船闯过了大雾，心里十分高兴。两人正在吃干粮，补充能量。忽然，在船的正前方，出现了一片礁林。

木匠很有经验，一看到礁林，立即放下食物，站起来大声对读书人喊：“快绕开，不然船会被撞翻的。”

读书人却摇摇头说:“不行，不行！指南针指的这个方向一丝一毫也不能改！”

他不听劝阻，眼睛死盯住指南针，径直将船驶进了礁林。结果触礁翻船，遭到了同商人一样的结局。

只有那个木匠，始终依据海里的情况变化不断操纵着航船。他灵活地绕过了一片片的礁林，闯过了重重风浪，终于到达了大海的那边，发现了财富，过上了幸福的生活。

在这个故事中,商人犯了经验主义的错误,结果迷失方向,闯进了急流;读书人则把经验当做永恒的法宝,不知依据实际情况灵活变通,犯了教条主义的错误,结果触礁而亡;而那位聪明的木匠,却把经验与实际相结合,终于到达了胜利的彼岸。

（佚名）

诺言重于一切

杨毅成说明了真相，并且一本正经地说：“这是私塾里的规矩，我们都向外公保证过触犯规矩甘愿受罚，不然的话就不遵守诺言。你们都按规矩受罚了，我也不能例外。”

杨毅成是北宋名臣，以守信闻名天下。

杨毅成三岁的时候父亲就去世了，母亲郑氏一个人难以维持家里的生活，就带着他回到娘家住。外公见杨毅成聪明伶俐，又没了父亲，怪可怜的，因此格外疼爱他。

外公叫郑通，是当地有名的学者，在乡里很有威望。由于家里上学的孩子多，外公就请了个教书先生，办了个自家学堂，当时叫私塾。杨毅成和表兄弟们都在自家的学堂里上学。

外公是个很严厉的老人，尤其是对他的孙辈们，更是严加管教。私塾开学的时候，就立下规矩，谁要是无故不完成作业，就按照家法重打二十大板。杨毅成和表兄弟们立下契约，表示坚决遵守外公的规定。

有一天，上午上完课后，杨毅成和他的几个表兄去小河里游泳了，一贪玩，不知不觉就到了下午上课的时间。大家都忘记做教师上午留的作业。

第二天，这件事被外公知道了，他把几个孙子叫到书房里，狠狠地训斥了一顿。然后按照规矩，每人都挨了板子。但是，表兄弟们为了维护杨毅成，都说他没有去游泳。外公也就相信了。

可是，小杨毅成心里很难过，他想：我和哥哥们犯了一样的错误，耽误了功课。外公没有责罚我，这是心疼我。可是我不能不守信呀，发了错误就应该挨打——于是，杨毅成便自己拿板子对着自己的手心打了二十大板。

外公后来发现了，看着杨毅成肿胀的双手，非常心疼，问杨毅成究竟是谁给打的。杨毅成说明了真相，并且一本正经地说："这是私塾里的规矩，我们都向外公保证过触犯规矩甘愿受罚，不然的话就不遵守诺言。你们都按规矩受罚了，我也不能例外。"表兄们都被杨毅成这种信守学堂的规矩，诚心改过的精神感动了。

（佚名）

责任是成功的机会

在政界，男孩同样通过努力获得了自己梦想的职位。不久，美国又出现了一场经济危机，这一次他担负起了引领美国走出困境的责任。

上个世纪的二十年代，一个美国的普通家庭里生长着一个小男孩。一天，小男孩在他家门前的空地上和一群小朋友踢足球，一不小心踢碎了邻居家窗户的玻璃。邻居家的叔叔非常生气，大声地训斥了他，并向他索赔12.5美元。那个年代的12.5美元对于一个普通家庭来说可以维持半个月的生活开销，所以这对于每个月的零用钱只有几分的小男孩来说，简直难于登天。

带着万分的惊恐，男孩找到了自己的父亲，他相信父亲有钱给邻居叔叔。可是令他没有想到的是，平时十分宠爱他的父亲却要他自己赔钱，对自己的犯下的过错负起责任。

男孩惊讶地说："这怎么可能，我哪有那么多钱赔人家?"这时，父亲从兜里拿出了12.5美元，非常严肃地对儿子说："钱我可以先替你还上，但算是我借给你的，一年以后你必须还我，承担自己犯下的错误是你的责任。"

从那以后，男孩为了凭借自己的力量挣钱，开始了艰苦的打工生活。他放弃了平日里热衷的各种游戏，把课余时间都利用起来做所有自己力所能及的工作。最终，男孩只用了不到半年的时间就挣够了12.5美元，并把它还给了父亲。在把钱交到父亲手中的时候，他感受到了一种从未有过的自豪感和成就感。

后来，小男孩上大学毕业了，正赶上美国经济大萧条，他的父亲破产

了。年轻的男孩主动负担起整个家庭的生活，并开始资助哥哥重回学校学习。再后来，男孩通过自己的努力成为了一位著名的电视节目主持人。可就在男孩的事业如日中天的时候，他出于强烈的社会责任感，公开地批评自己所在电视公司的最大赞助商——通用电气公司。结果男孩被辞掉了，转而投身政界。

在政界，男孩同样通过努力获得了自己梦想的职位。不久，美国又出现了一场经济危机，这一次他担负起了引领美国走出困境的责任。八年后，男孩成功了，当然，此时我们已不能再称他为男孩了，他就是闻名世界的美国总统——罗纳德·里根。

（佚名）

丑小鸭扳倒总统

这位羞涩、腼腆、胆小的丑女人，不但挽救了濒临倒闭的《华盛顿邮报》，而且还以一份报纸扳倒了总统，成为美国新闻史上的传奇人物，这恐怕是谁也没有想到的事情吧！

她是一个典型的丑小鸭，虽然出生在美国纽约的一个富有家庭，但是父母见她长得丑，都不愿意理她。因为从小就得不到多少来自父母的关爱，再加上长得丑，小女孩很自卑，性格越来越内向，见人就害怕。

在她16岁那年，在一次破产拍卖会上，父亲买下了一家报社。她大学毕业后，因为个性的原因，靠自己找一份工作很难，只好进入父亲的报社，担任读者来信版主编，月薪只有25美元。

但命运似乎还是眷顾她的。在报社里，她很幸运地遇到了一位年轻的律师。两年后，他们就结婚了。婚后，她还是那么羞怯，常常躲在丈夫后面。

出席宴会的时候，她总是被主人安排在不显眼的位置上，甚至连自己的家人也对她视而不见。

没过几年，父亲退休了，把报社大权交给她的丈夫，而她就干脆回家相夫教子。如果生活就是这么平淡过下去，没什么悬念的话，她可能一辈子就是一个平凡而羞涩的女人。但是，在她46岁的时候，变故发生了。因为报社经营不善，丈夫患上了严重的精神抑郁症，不久就开枪自杀身亡。可想而知，丈夫突然间没了，这让她感到天快塌下来了。

外界没有人看好这个柔弱胆怯的女人，几乎所有人都预言报社必将被出售。可是，出乎意料的是，她稍稍迟疑了一下，还是果断地接过权杖。她一下子像是换了一个人一样。

她上任后的第一件事就是换人。她不惜重金从各处网罗新闻精英，给他们绝对自由空间，让他们尽情发挥。她的想法大胆而实际：彻底改变报社传统老旧的风格，极力引进新潮、自由的新闻元素。改革带来的效果极其显著，保守派们纷纷离去，报社的政治立场也发生了根本性的变化，越来越倾向于自由派立场。

1972年6月，5名男子因私自闯入水门饭店（民主党总部）而被捕。惮于压力，许多媒体都只是对此事轻轻带过。在这种情况下，她却命令自己报社的记者深入调查，终于发现了一个秘密：共和党政府试图在民主党总部安装窃听器，破坏民主党的竞选活动。谁都知道报道出这个新闻后的风险是什么，但是她没有退缩。

一切都是能够想象的：丑闻曝光后，总统生气了，司法部长更是暴跳如雷，扬言要她人头落地。但是这个柔弱的女人却毫不畏惧，为了自由与正义她不怕孤军奋战。最终，她的正直与勇气，唤醒了美国各大新闻媒体，强大的舆论力量将位高权重的尼克松总统逼下了台。这就是震惊世界的“水门事件”。

就在这一年，她的报社的报道获得普利策奖，在美国确立了大报地位。她就是著名的《华盛顿邮报》的主人——凯瑟琳·格雷厄姆。

凯瑟琳上任时，报社总收入只有840万美元，旗下子公司只有《新闻周刊》和两家电视台。到1993年她退休时，《华盛顿邮报》已发展成为包括报纸、杂志、电视台、有线电视和教育服务企业在内的庞大新闻集团，总收入达到14亿美元，在《财富》杂志500强中排行第271位。

这位羞涩、腼腆、胆小的丑女人，不但挽救了濒临倒闭的《华盛顿邮报》，而且还以一份报纸扳倒了总统，成为美国新闻史上的传奇人物，这恐怕是谁也没有想到的事情吧！

（佚名）

人格的伟大力量

谎话只有在丢掉良心的时候，才能大声地说出口。我不能丢掉良心，也不可能讲出谎话。所以，请您另请高明，我没有能力为您效劳——我必须信守自己的诺言和原则！

1809年2月12日，亚伯拉罕·林肯出生在一个农民的家庭。小时候，家里很穷，但是亚伯拉罕·林肯的父母很正直，教育林肯要守信正义。

1834年，25岁的林肯当选为伊利诺斯州议员，开始了他的政治生涯。1836年，他又通过考试当上了律师。林肯当律师后给自己订立了一个规矩——只为蒙冤正义者辩护。亚伯拉罕·林肯一直信守着自己的承诺。

由于亚伯拉罕·林肯精通法律，口才很好，在当地很有声望。很多人都来找他帮着打官司。许多穷人没有钱付给他劳务费，但是只要告诉林肯："我是正义的，请你帮我讨回公道。"林肯就会免费为他辩护。亚伯拉罕·林肯在当地的法律界威望很高。

一次，一个富翁请林肯为他辩护。林肯听了那个客户的陈述，发现那个人是在诬陷好人，于是就说："很抱歉，我不能替您辩护，因为您的行为是非正义的，我有自己的做事原则和承诺。"

富翁无耻地说："难道你不想挣钱吗？我就是想请您帮我打这场不正义的官司，只要我胜诉，您要多少酬劳都可以。"

林肯义正言辞地说："只要使用一点点法庭辩护的技巧，您的案子很容易胜诉，但是案子本身是不公平的。假如我接了您的案子，当我站在法官面前讲话的时候，我会对自己说：'林肯，你在撒谎。'谎话只有在丢掉良心的时候，才能大声地说出口。我不能丢掉良心，也不可能讲出谎话。所以，请您另请高明，我没有能力为您效劳——我必须信守自己的诺言和原则！"

富翁听完，羞愧地离开了亚伯拉罕·林肯家里。

（佚名）

用行动回报父亲

我父亲去世了，但是你知道吗？我父亲根本就看不见，他是瞎的！现在，父亲在天上，他第一次能真正地看见我比赛了！所以我想让他知道，我能行！

有一个男孩，小时候妈妈就去世了，一直以来他都与父亲相依为命，因此父子感情特别深。这个男孩喜欢踢足球，虽然他的球技并不怎么好，而且即使他参加了比赛，也只被教练当作是替补。然而他的父亲仍然场场不落地前来观看，每次比赛都在看台上为儿子鼓劲。

几年以后，男孩儿考上了大学，他参加了学校足球队的选拔赛。幸运地，男孩儿以最后一名的成绩进入了球队，不过男孩儿并不觉得丢人，他太喜爱这项运动了。

上大学的这几年里，男孩儿一直没有上场的机会。转眼就快毕业了，这是男孩在学校球队的最后一个赛季了，一场大赛即将来临。

一天，教练递给了男孩儿一封电报，电报中说男孩儿的父亲在今天早上去世了。男孩儿一句话也没有说，脸色白得吓人。他向教练请了假，立即赶

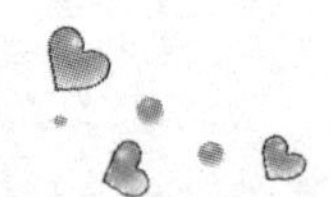

回了家中。

比赛的时候到了，那场球赛打得十分艰难。当比赛进行到3/4的时候，男孩所在的队已经输了10分。就在这时，一个沉默的年轻人悄悄地跑进空无一人的更衣间，换上了他的球衣。当他跑上球场边线，教练和场外的队员们都惊异地看着这个满脸自信的队友。

男孩走到教练跟前，坚定地对他说："教练，请允许我上场，就现在。"教练十分为难，今天的比赛太重要了，差不多可以决定本赛季的胜负，他当然没有理由让最差的队员上场。可是男孩不停地央求，教练终于让步了，就让这个可怜的孩子试试吧。

于是，这个身材瘦小、籍籍无名、从未上过场的球员，在场上奔跑、过人、拦住对方带球的队员，简直就像球星一样。他所在的球队开始转败为胜，很快比分打成了平局。就在比赛结束前的几秒钟，男孩一路狂奔冲向底线，得分！赢了！男孩的队友们高高地把他抛起来，看台上球迷的欢呼声如山洪暴发！

比赛结束后，教练走到了男孩儿面前，问他为什么能创造出这样的奇迹。男孩看着教练，泪水盈满了他的眼睛。他说："我父亲去世了，但是你知道吗？我父亲根本就看不见，他是瞎的！现在，父亲在天上，他第一次能真正地看见我比赛了！所以我想让他知道，我能行！"

（佚名）

把我的生命分给你一半

在鲍勃不成熟的认识中，他认为输血会失去生命。但他仍然肯输血给妹妹，在那一瞬间，鲍勃所做出的决定是付出自己的生命来挽救自己的妹妹。

在美国印第安纳州发生了一件感人至深的故事——

男孩鲍勃与他的妹妹苏珊娜相依为命。父母早逝，苏珊娜是鲍勃惟一的亲人。所以鲍勃爱苏珊娜胜过爱自己。鲍勃想让自己的爱给自己可怜的妹妹带来关怀和亲情的慰藉。

然而灾难无休无止，再一次降临在这两个不幸的孩子身上。妹妹染上了重病，需要输血。但医院的血液太昂贵，鲍勃没有钱支付任何费用，尽管医院已免去了手术费。但不输血妹妹就会死去。作为妹妹惟一的亲人，鲍勃的血型与妹妹相符。医生问鲍勃是否勇敢，是否有勇气承受抽血时的疼痛。鲍勃开始犹豫，但是他需要解救自己的妹妹——

10岁的他经过一番思考，终于点了点头，眼神里是坚定的神色。

抽血时，鲍勃安静地不发出一丝声响，只是向着邻床上的妹妹微笑。

手术完毕后，令在场的医生颇感惊讶，鲍勃声音颤抖地问：“医生，我还能活多少时间?”

医生正想笑鲍勃的无知，但转念间又被鲍勃的勇敢震撼了——

在鲍勃不成熟的认识中，他认为输血会失去生命。但他仍然肯输血给妹妹，在那一瞬间，鲍勃所做出的决定是付出自己的生命来挽救自己的妹妹。

医生的眼睛里闪烁着泪光——他为这个小男孩的无私和对妹妹的爱震撼了——

医生握紧了鲍勃的手说：“放心吧，勇敢的小家伙。输血不会丢掉生命。”

鲍勃眼中放出了光彩，舒了一口气，继续问道：“真的？那我还能活多少年？”

医生微笑着说：“你能活到100岁呢，善良的小伙子，你很健康——你永远都会健康的！”

鲍勃高兴得又蹦又跳。他确认自己真的没事时，就又挽起了胳膊——刚才被抽血的胳膊，昂起头，郑重其事地对医生说：“那就把我的血抽一半给妹妹吧，我们两个每人活50年……”

（佚名）

责任改变命运

沃尔顿向他说了抱歉，工期要延长一天了。他如实地将事情和自己内心的想法说了出来。迈克尔听后，不仅没有生气，反而对沃尔顿竖起了大拇指。

沃尔顿是一个普通的年轻人，但他凭借自己的努力终于考上了著名的耶鲁大学。然而他的家里实在是太贫穷了，大学的学费对于这个小家庭来说根本承受不起。然而，沃尔顿并没有放弃学业的想法，他决定趁假期去打工，用赚来的钱充当学费。

沃尔顿的父亲是一名油漆工，因此他从小也会做这项工作。经过自我推荐，沃尔顿接到了为一大栋房子做油漆的业务，尽管房子的主人迈克尔很挑剔，但给的报酬很高。沃尔顿很高兴地接受了这桩生意。在工作中，沃尔顿

自然是一丝不苟，他认真和负责的态度让几次来查验的迈克尔感到满意。

终于，这栋房子只差最后一面墙就完工了。沃尔顿为拆下来的一扇门板刷完最后一遍漆，刚刚把它支起来晾晒。做完这一切，沃尔顿长出一口气，想出去歇息一下，不想却被脚下的砖头绊了个踉跄。这下坏了，沃尔顿碰倒了支起来的门板，门板倒在刚粉刷好的雪白的墙壁上，墙上出现了一道清晰的痕迹，还带着红色的漆印。沃尔顿立即用切刀把漆印切掉，又调了些涂料补上。可是做好这些后，他怎么看怎么觉得补上去的涂料色调和原来的不一样，那新的一块和周围的也显得不协调。于是，沃尔顿决定把那面墙重新刷一遍。

这样，沃尔顿又花了一天的时间才把墙刷好。第二天，沃尔顿一大早就来到了房子里，等着房主来验收。可是这时他发现新刷的那面墙又显得色调不一致，而且越看越明显。沃尔顿叹了口气，决定再去买些材料，将所有的墙重刷，尽管他知道这样做，他要花比原来多一倍的本钱，他就赚不了多少钱了，但沃尔顿还是决定要重新刷一遍。

这时，迈克尔就来验工了。沃尔顿向他说了抱歉，工期要延长一天了。他如实地将事情和自己内心的想法说了出来。迈克尔听后，不仅没有生气，反而对沃尔顿竖起了大拇指。作为对沃尔顿工作的负责态度的奖励，迈克尔愿意赞助他读完大学。

此后，沃尔顿的一生改变了，他顺利读完大学，毕业后还娶了迈克尔的女儿为妻，进入了迈克尔的公司。十年后，他成了这家公司的董事长。

而后，他建立了举世闻名的全球最大的连锁超市集团——沃尔玛。

（佚名）

用爱来浇灌生命

一年春天，男孩儿的父亲从买回了几棵树苗，准备把它们栽在房前。父亲叫他的孩子们每人栽一棵，说谁栽的树苗长得最好，就给谁买一件最喜欢的礼物。

美国的一个小男孩儿不幸地患上了脊髓灰质炎，疾病使他瘸了一条腿，牙齿也参差不齐。男孩儿因此感到很自卑，很少与同学们游戏或玩耍，老师叫他回答问题时，他也总是低着头一言不发。

一年春天，男孩儿的父亲从买回了几棵树苗，准备把它们栽在房前。父亲叫他的孩子们每人栽一棵，说谁栽的树苗长得最好，就给谁买一件最喜欢的礼物。这个男孩儿虽然也很想得到父亲的礼物，但看到兄妹们蹦蹦跳跳提水浇树的身影，心里便没了冲动。他找了一棵最小、最丑的树苗，开始栽种。在他看来，这棵丑树苗就如同他自己。

男孩儿想，这么小的树苗一定很难活下去，于是他产生出了一个阴冷的想法：希望自己栽的那棵树早点死去。因此浇过一两次水后，再也没去搭理它。

然而过了几天，当男孩儿再去看他种的那棵树时，惊奇地发现它不仅没有枯萎，而且还长出了几片新叶子，与兄妹们种的树相比，显得更嫩绿、更有生气。父亲兑现了他的诺言，为小男孩买了一件他最喜欢的礼物，并对他说，他的种树本领太强了，将来一定能成为一个伟大的植物学家。

从那天开始，男孩儿慢慢变得乐观向上起来。一天晚上，小男孩躺在床上睡不着，看着窗外那明亮皎洁的月光，忽然想起生物老师曾说过的话：植物一般都在晚上生长，何不去看看自己种的那颗小树。当他轻手轻脚来到院子里时，却看见父亲用勺子在向自己栽种的那棵树下泼洒着什么。顿时，一

切他都明白了，原来父亲一直在偷偷地为自己栽种的那颗小树施肥！他返回房间，任凭泪水肆意地奔流……

后来，男孩儿经过不断的努力，最终取得了前所未有的成就，他就是富兰克林·罗斯福，美国历史上唯一连任四次的总统。政敌们常用他的残疾来攻击他，这是罗斯福终生都不得不与之搏斗的事情，但是他总能以出色的政绩、卓越的口才与充沛的精力将其变成优势。

首次参加竞选他就通过发言人告诉人们："一个州长不一定是一个杂技演员。我们选他并不是因为他能做前滚翻或后滚翻。他干的是脑力劳动，是想方设法为人民造福。"依靠这样的坚忍和乐观，罗斯福终于在1933年以绝对优势击败胡佛，成为美国第32届总统。

（佚名）

终生与书相伴

我们伟大的领袖毛主席，尽管没受过什么高等的教育，但是他这一生从来都没有间断过读书，青年时代就经常在图书馆里一待就是一整天。

我们伟大的领袖毛主席，尽管没受过什么高等的教育，但是他这一生从来都没有间断过读书，青年时代就经常在图书馆里一待就是一整天，他的知识几乎大部分来自自学。即使后来在战斗中，他也总是随身携带着书籍。

毛泽东毕业于湖南一中，那时候湖南的图书馆藏书丰富，毛泽东一到里面就不愿意再出来了，他深深的被书的内容吸引着。因为怕没有座位，他每天刚吃完早饭就到图书馆门前排队，不管冬天还是夏天，馆门没开，他就站

在大门口等着，通常都是第一个冲进图书馆。他伏在阅览室的桌子上，如饥似渴的吸取着书中的知识养分，常常忘记了时间和周围的一切。为了能多看几页书，他甚至连饭都没有时间吃上一口，就这样饿着肚子直到图书馆闭馆，他总是最后一个离开。在回家的路上买几个烧饼充饥，边走边吃算是他一天中最悠闲的时光了。

那时候图书馆的条件并不像现在的学生能享受到的这么幸福。夏天的时候屋子里面像蒸笼一样，热的难受；冬天的时候四壁漏风，在严冬季节，看书久了，脚冻的直疼。毛泽东活动活动脚，仍然继续看书。

半年的时间里，他读了上百本书，其中包括亚当·斯密的《原富》、达尔文的《物种起源》、赫胥黎的《天演论》、约翰·黎勒的《名学》、卢梭的《民约论》等十八、九世纪西方资产阶级启蒙学者的代表性著作等等。此外还研读了一些希腊、罗马的古典文艺作品和世界地理、历史等书籍；在这里，他第一次看到了世界地图，对整个世界的分布有了很深入的了解。半年图书馆的自学生活，大大增长了毛泽东的知识，还提高了他对整个世界和整个中国的认识，思想也越来越先进了。更让他明白了只有社会主义社会才是符合中国国情的，不能让贫苦的群众再贫苦了，应该激发起他们为了好日子奋斗的决心和信心。后来毛泽东在和友人回忆过去的时候说起了这段难忘的日子："虽然我没有读过大学，也没有出国留洋的机会，但是我读书的江南第一师范为我的文化打好了坚实的基础。我收获最多的时期不是上学时，而是在图书馆自学的那半年。那年我19岁，我从来不知道原来这个世界上有这么多书，原来书上有那么多我们想知道又不知道如何去获得的东西，那时候我都惊呆了，一时不知道从哪里读起，最后我决定一本一本的读，我每天抓紧一切时间拼命的读、贪婪的读，正像高尔基说的，像饥饿的人扑在面包上一样。

1918年10月，毛泽东来到北京，在北京大学的图书馆里做助理员。当时很多人都不喜欢这个枯燥的工作，但是他在这里却享受到了从未有过的满足。各式各样的杂志报刊和书籍，他争分夺秒的阅读着。他从这里获得了很多马列主义新思想，对他未来的政治道路有很大的帮助。

全国解放后，毛泽东在北京的工作一直都很繁忙，但是他还是像年轻时

候一样，只要一有机会，马上拿起书本来读。北京的图书馆几乎都被他走遍了，到处借书，进行学习和研究。虽然工作十分繁忙，还是像青年时代一样，利用点滴时间看书学习。二十多年里，他经常到北京图书馆、北京师范大学图书馆、首都图书馆等处借书，进行学习和研究。读书学习是毛泽东一生最大的嗜好。有人曾经统计过，自进驻北京城以后，毛泽东先后从北京图书馆等单位借用的各种图书达二千余种，五千余册。仅1974年一年，借用北京图书馆等单位的书刊就有近六百种，一千一百余册。

毛泽东是我们中国人的伟大领袖，学识渊博，思想先进。这和他爱读书是分不开的。

（佚名）

成功从下一个目标开始

“黑带代表着开始——代表无休止的磨练、奋斗、和追求，代表更高标准的里程的起点。”宗师终于满意地点点头，“好，你已经可以接受黑带开始奋斗了。”

对于一个练跆拳道的人来说，黑带是高手的象征，更是实力的体现，所有跆拳道者都把它视为一种荣誉和责任。许多人都对黑带的称号梦寐以求，但是这个黑带得来可不是件容易的事情。在武林中，曾经有一位高手，他经过多年的严格训练，终于在武林有了一定的名气，达到了黑带的标准，可以被授予黑带的荣誉了。按规矩要由武学宗师为他颁发。这位高手跪在武学宗师的面前，脖颈高昂，浑身上下散发着一种霸气和进攻的气质，但是目光虔诚，准备接受得来不易的黑带的仪式。

“在授予你黑带之前，你必须接受一个考验。”武学宗师说。“我已经准

备好了。”徒弟答到，他以为老师一定是想再最后考核一遍他的跆拳道招式。

“这是你在得到黑带前必须回答的问题：黑带的真正含义是什么？”“是我习武的结束。”徒弟答到，“是为了奖励我这么多年刻苦练习并有所得成就。”武学宗师没说话，似乎在等待着他继续说些什么，显然他不满意徒弟的回答。最后他摇了摇头：“现在你还没有到拿黑带的时候，过些日子再来吧。”

一年以后，徒弟再度跪在宗师面前。还是那个问题。“是本门武学中的最高荣誉，是杰出的象征。”徒弟说。武学宗师等啊等，过了好几分钟，徒弟没再接着说，宗师的表情依然很严肃。最后他说：“你仍然没有到拿黑带的时候，过些日子再来吧。”

又一年过去了，徒弟又跪在宗师的面前，这一次他的表情明显比前几次谦卑多了。师傅又问：“黑带的真正含义是什么？”“黑带代表着开始——代表无休止的磨练、奋斗、和追求，代表更高标准的里程的起点。”宗师终于满意地点点头，“好，你已经可以接受黑带开始奋斗了。”

（佚名）

在黑暗中找到人生的光明

海伦从黑暗走到信心与希望中，张开她心灵的眼睛，这一过程中充满多少的辛酸与勇气。她从不尽的挫折中站起来挑战命运，走向希望与成功，走向人生的辉煌旅途。

海伦·凯勒是19世纪的一位奇人，她从小就集聋、哑、盲于一身，却凭着顽强的毅力，刻苦学习，奇迹般地学会了英语、法语、拉丁语和希腊语。她的著作被译成50余种文字，风靡五大洲。她接受了生命的挑战，用爱心去拥抱世界，以惊人的毅力面对困境，终于在黑暗中找到了人生的光明，最后又把慈爱的双手伸向全世界。

屠格涅夫曾说过：一切不幸都是可以忍受的，天下没有逃不出的逆境。也就是说，在逃出身陷的逆境之后，就是一片光明。

那么，成功与挫折之间的关系又是怎样的呢？

当海伦睁开眼睛，发现自己竟然什么也看不见了，眼前一片黑暗时，她像被噩梦吓到一样，全身惊恐，悲伤极了。这样的挫折对一般人来说确实太大，但海伦在失望中没有绝望，她不断争取每一个学习的机会。其实挫折中包含了人们的心血和重新奋起的线索，只不过它是无形的罢了。如果过份看重眼前有形的东西，忽视乃至藐视无形的需要细细品味的东西，即使成功的花环绕在脖子上，也很难保证不会黯然失色的。

因此，成功与挫折是相互关联的，相互转化的，其实在饱受挫折之后，成功也已不远了。就像海伦在无声、无语、无光的生活中，我们似乎对她的人生已绝望时，沙莉文老师的出现给予了海伦光明、希望、快乐和自由。事情就是这样，如果没有挫折，就不会想架起一座桥梁，那也就不会安然无恙地到达彼岸了。

正如奥斯特洛夫斯基所说的一段话：人的生命，似洪水奔流，不遇到岛屿与暗礁，难以激起美丽的浪花。随着时间的流逝，成功的喜悦如过往云烟，悄然远去，而挫折就像成年老酒，愈品愈有味道。

人生路，不平坦，有的人跌倒了便畏缩不前，轻易放弃了爬起来继续努力的念头；有的人跌倒了就爬起，在不断地跌倒和爬起中得到了锻炼，从而越走越稳，离成功也越来越近。面对命运的挑战，没有俯首称臣，而是“紧紧扼住命运的咽喉”，在人生的舞台上演绎辉煌。海伦成就辉煌，正是证明：生活总是倍加宠爱那些敢于向它挑战的人。你只有接受了挑战，成功的鲜花才会被置于你的怀中。逃避挑战的人，只会被生活海洋里无情的浪花所淹没，所取得的成功也只是镜花水月，海市蜃楼，终究会化成无声无息的泡沫消散。

（佚名）

第四辑　人生如水

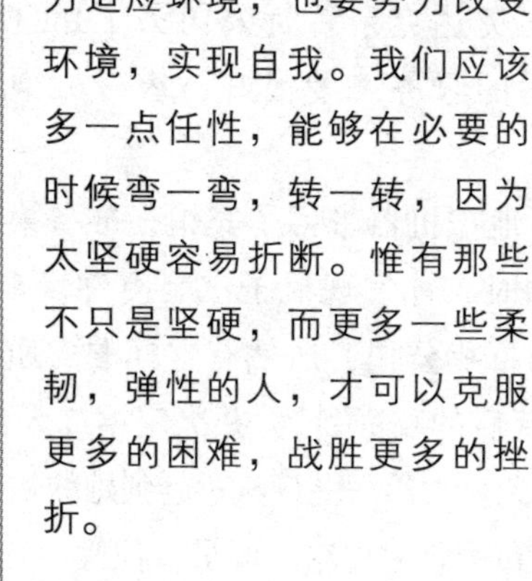

人生如水，我们既要尽力适应环境，也要努力改变环境，实现自我。我们应该多一点任性，能够在必要的时候弯一弯，转一转，因为太坚硬容易折断。惟有那些不只是坚硬，而更多一些柔韧，弹性的人，才可以克服更多的困难，战胜更多的挫折。

35个紧急电话

当时只有两条线索可循，即顾客的名字和她留下的一张美国快递公司的名片。据此百货公司展开了一场无异于大海捞针的行动。

有一位美国记者来到了日本的东京做访问，她知道日本的电器是很有名的，于是在奥达克余百货公司买了1台CD机，准备带回国去送给朋友。这家进货公司的服务态度很好，售货员微笑着拿了1台尚未启封的机子给她。

记者满意地把机器带回了宾馆，准备第二天不飞回美国。可是当她拆开包装准备试用时，才发现机子没装内件，根本无法使用。女记者十分生气，这么一家大的百货公司，居然有这样的劣质产品，于是她立即起草了一篇稿件——“笑脸背后的真面目”，并决定第二天就刊登出去。

不料第二天一大早，一辆汽车赶到她的住处，从车上下来的是奥达克余百货公司的总经理和拎着大皮箱的职员。他俩一走进客厅就俯首鞠躬，并连连道歉，女记者十分吃惊，因为百货公司又没有她的联系方式，怎么可能找到了她的住处呢！

那位职员打开记事簿，讲述了大致的经过。原来，昨日下午清点商品时，发现将一个空心的货样卖给了一位顾客，此事非同小可，总经理马上召集有关人员商议。当时只有两条线索可循，即顾客的名字和她留下的一张美国快递公司的名片。据此百货公司展开了一场无异于大海捞针的行动。打了32次紧急电话，向东京的各大宾馆查询，没有结果。

于是，打电话到美国快递公司的总部，深夜接到回电，得知顾客在美国父母的电话号码，接着打电话到美国，得到顾客在东京的婆家的电话号码，终于找到了顾客的落脚地。这期间，进货公司一共打了35个紧急电话。

女记者拿回了完备无缺的CD机，另外，百货公司又送给她一张唱片。吃惊和感动之余，女记者当即重写了新闻稿，题目就是“35个紧急电话”。

（佚名）

勤学苦练为报国

岳飞的文韬武略在老师的指点下都上了一个阶层，并立下了要救国救民的远大志向。后来岳飞为了报达师恩，就拜他的恩师为义父，为他养老送终。

岳飞是南宋的抗金名将，武艺高强。靠着过人的禀赋勤学苦练的本领，他终于由一个普通的乡村少年成长成为一个统领着全国兵马的大元帅。

这与他童年的艰苦奋斗是分不开的。岳飞的童年很不幸，家乡发洪水，父亲在逃难途中被淹死了，母亲抱着他躲在一个大水缸里，才逃过劫难。从此母子二人相依为命。过着清贫凄苦的日子。但是岳母是一个有思想、识大体的女人，她没有让岳飞就这样混着日子下去，尽管上不起学，她还是尽自己的能力交给他一些知识和做人的道理。

为了减轻母亲的负担，岳飞很小的时候就给人家去放羊。他一边放羊，一边自学，没有纸张和笔墨，就用小树枝在沙地上写字。岳飞十分好学，经常到附近的私塾下面偷听老师的讲课。由于他天资聪慧，又勤奋好学，什么东西都能够举一反三，对一些大道理讲的头头是道，领悟的深刻透彻。他的才华很快得到了村子人的赞同，后来被江南名师周同见到了他时，收为关门弟子。

从此岳飞就如同脱胎换骨，就像鱼儿找到了海洋，鸟儿发现了天空一样，在周老前辈的指引下，在知识的海洋中尽情的遨游。

岳飞和老师学射箭的时候，老师让他先练眼力。岳飞开始练眼力，每天

盯着升起的太阳看。刚开始，太阳刺得岳飞根本睁不开眼。就只是这一项，岳飞就练了好几年，最后终于练成了“千里眼”。一个晴朗的天空，万里无云，老师问岳飞天上有什么，“远方有只独行的雁。”

老师又指了指树上，“百步以外的树上有两只蝉。”

岳飞不仅精通十八般武艺。而且箭艺尤其高超，300斤的大弓不在话下，而且能百步穿杨、箭无虚发，在战场上常令敌人闻风丧胆。

岳飞的文韬武略在老师的指点下都上了一个阶层,并立下了要救国救民的远大志向。后来岳飞为了报达师恩,就拜他的恩师为义父,为他养老送终。

（佚名）

读万卷书，行万里路

这种饱读文书，行游万里的做法几十年如一日的坚持下来没有过人的毅力是万万办不到的。

顾炎武是明末清初著名的思想家、史学家、语言学家。他是清代古韵学的开山始祖。他这一生思想先进，反对唯心，认为应该客观地进行对万事万物的研究。他提倡经世致用，反对空谈，注意广求证据，一生辗转，读万卷书，行万里路，著有多部著作，为国家做出了巨大贡献。

为了完成自己的《天下郡国利病书》和《肇域志》。清初年间，他访遍鲁、冀、辽、晋的交通要道。那里的人几乎都认识他了，一个大约50岁左右的老头，穿着简朴的衣衫，骑着一匹马，还有一匹马和两头骡子都驮着装满书的箩筐。起初人们还以为他的精神不正常呢。

他总是坐在马背上半闭着眼睛，咿咿呀呀的不知道再叨咕些什么。突然又睁开眼，勒住缰绳，跳下马，从筐中翻出一本书，反复看几遍，嘴里不停的背，直到完全背熟了，这才翻身上马继续前进。

每到一处关卡或者要塞地带,他便去找一些退伍的老兵打听情况。仔细询问此处的地理、历史等情况，并做好笔录。如果发现与书中不符的说法,他就亲自到实地去考察,以便能更准确的写出来。就这样,他游历了几乎大半个中国。这对年轻人可能不算什么，然而对于一个年过半百的老人来说,真是一项艰巨的工作啊。他一生几乎都在外面游走,途中凡是遇到好书和珍贵文物,他毫不犹豫就买下来;如果是别人珍贵的东西,他就抄录下来。

这种饱读文书，行游万里的做法几十年如一日的坚持下来没有过人的毅力是万万办不到的。

他曾在文章中写道：“自少至老，手不舍书。出门，则以一骡两马，捆书自随，过边塞亭障，呼老兵谐道边酒垆，对坐痛饮，咨其风土，考其区域。若与平生所闻不合，发书详证，必无所疑而后已。马上无事，辄据鞍默诵诸经注疏……”描述的就是他自已游学读书的经过。

顾炎武这种“读万卷书，行万里路”的读书法，也属于一种学习方法，而且在杜甫的诗卷里也曾出现过“读书破万卷下笔如有神”的说法。顾炎武就在他的学习中得到了许多好处：一、通过实地考察，使他发现了书本上的错误记载，而及时的加以改正。二、能够将理论和实际更完美的结合，有助于理解。三、能学到许多书本上没有的知识；四、能发现许多原来不曾读过的新书、好书，得到更大的收益。

顾炎武到达了山东、山西、河北、辽宁、陕西、甘肃等地，察看名关要塞，游历名胜古迹，跋涉名山大川，往来行程两三万里，读了新书达一万余卷。他知识丰富，对天文、历法、数学、地理、历史、军事和治国之道等都有深刻的研究和独到的见解。他的著作在我国历史上享有很高的声誉。

（佚名）

泥泞的道路才能留下脚印

那些经风沐雨的人，他们在苦难中跋涉不停，就像一双脚行走在泥泞里，他们走远了，但脚印印证着他们行走的价值。

唐朝高僧鉴真刚刚剃度遁入空门时，寺里的方丈让他做了谁都不愿意做的行脚僧，四处奔走化缘。

某日，太阳早爬上三竿了，鉴真依旧大睡不起。方丈很奇怪，推开鉴真的房门，看到床边堆了一大堆破破烂烂的鞋，他连忙叫醒鉴真问："你今天不外出化缘，堆这么一堆破鞋做什么?"

鉴真打了个哈欠说："别人一年连一双鞋都穿不破，我刚剃度一年多，就穿烂了这么多的鞋子，我是不是该为寺里节省鞋子了?"

方丈一听马上明白了，俯首笑说："昨天夜里落了一场雨，你随我到寺前的路上走走看看吧。"

寺前是一座土坡，因为刚下过雨，路面泥泞不堪。

方丈拍着鉴真的肩膀说："你是愿意做一天和尚撞一天钟，还是做一个能光大佛法的名僧?"

鉴真低头说："当然想做一个能光大佛法的名僧。"

方丈捻须一笑，接着问："昨天，你是否在这条路上走的?"

鉴真答道："是的。"

方丈问："你能找到自己的脚印吗?"

鉴真十分不解地说："昨天这路又干净又平坦，我岂能找得到自己的脚印呀！"

方丈点了点头，然后笑着问道："今天，我俩在这路上走一遭，你能找

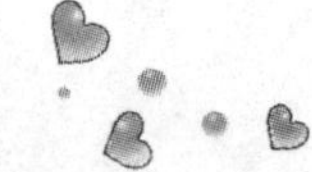

到你的脚印吗？”

鉴真说：“当然能了。”

方丈听了，微笑着拍拍鉴真的肩说：“泥泞的路才能留下脚印，世上芸芸众生莫不如此啊！那些一生碌碌无为的人，不经风不沐雨，没有起也没有伏，就像一双脚踩在又干净又平坦的大路上，脚步抬起，什么也没有留下。而那些经风沐雨的人，他们在苦难中跋涉不停，就像一双脚行走在泥泞里，他们走远了，但脚印印证着他们行走的价值。”

鉴真羞愧地低下了头，从此奋发图强，后来东渡日本，被尊为日本律宗初祖，在传播佛教与盛唐文化上，有很大的历史功绩。

（佚名）

做别人没有做过的事

比利时的哈罗啤酒厂位于首都东部，无论是厂房建筑还是生产设备都没有很特别的地方，可是它的啤酒非常畅销，这源于它有一位很有头脑的营销总监——林达。

比利时的哈罗啤酒厂位于首都东部，无论是厂房建筑还是生产设备都没有很特别的地方，可是它的啤酒非常畅销，这源于它有一位很有头脑的营销总监——林达。哈罗啤酒厂的市场份额曾经一年一年地减少，由于啤酒销售不景气，便没有钱在电视或报纸上做广告。

这时，一个不满25岁的小伙子来到了这个厂子，他就是林达。林达进到厂子里没多久，就喜欢上了厂里一个很优秀的女孩，然而那个女孩却对他说：“我不会看上一个像你这样普通的男人。”于是，林达决定要做些不普通的事情，让这个女孩改变对自己的看法。

那时，林达只是个销售员，他的权利十分有限，于是他毅然决定冒险做

自己想做的事情，他贷款承包了厂里的销售工作。正当林达为怎样去做一个最省钱的广告而发愁时，他徘徊到了布鲁塞尔市中心的于连广场。广场上的铜像即于连撒尿的铜像非常有名，这源于于连用自己的尿浇灭了侵略者炸毁城市的炸药的导火线，从而挽救了这座城市。人们对这个铜像的喜爱和敬仰使林达突然灵机一动，想出了一个绝妙的点子。

第二天，所有路过广场的人们都发现于连的尿居然变成了色泽金黄、泡沫泛起的“哈罗”啤酒，而旁边的大广告牌子上则写着“哈罗啤酒免费品尝”的广告语。就这样，一传十、十传百，“哈罗”啤酒很快进入了千家万户的冰冻箱里，全市老百姓都从家里拿出自己的瓶子杯子排成队去接啤酒喝。而对于这一奇怪的新闻，许多电视台、报纸、广播电台等媒体也来争相报道，“哈罗”啤酒厂免费做了这么多的广告。这则创意出现后的一年里，“哈罗”啤酒厂的销售产量提高了18倍，而林达也成了闻名布鲁塞尔的销售大师。

（佚名）

成功需要适当的改变

几年以后，青年前后在北京市区开了11家连锁店。为了保证最优质的货源，他还在京郊的大兴县买了一块地，建立了自己的蔬菜基地。

一个十分普通的青年，在北京三里屯市场卖菜。虽然每个月都靠在自己的辛勤劳作下，挣一些养家钱，但他想，这样下去，我就是干一辈子也还是个卖菜的，我的钱也无法让家人过上好生活。

于是，青年就时常想着改变一下做生意的思路。一天，青年发现一位金发碧眼的外国人正认真地挑选一些看上去“精致小巧”的菜

品，他很奇怪："中国人都喜欢挑选大个头的菜品，而老外为什么偏偏挑选小的呢？"青年十分不解地跟外国人聊了起来。聊过之后才知道，原来东西方饮食观念不同，外国人认为小巧的菜品不仅漂亮，而且营养价值高。

发现了这个"秘密"后，青年开始转变了进货的方式，他每次进菜都挑同行不喜欢进的小巧菜品。由于他的菜品紧紧抓住了外国客人的喜好，加上三里屯老外很多，他的生意很快就红火起来。

生意做好了以后，青年并不满足现状，他趁势跟一些蔬菜批发市场的供货商签订了合同：凡是小菜品都归他所有。就这样，青年在菜市场里做起了"垄断"生意。他的菜品"特色"慢慢地在老外中有了一定的名气。而后，青年用攒下来的钱在市场里租了一个店面，还取了个洋名字"LOU'SSHOP"。随着名气的增大，青年又觉得认为有外国人的地方就应该有"LOU'SSHOP"。几年以后，青年前后在北京市区开了11家连锁店。为了保证最优质的货源，他还在京郊的大兴县买了一块地，建立了自己的蔬菜基地。

这个青年就是"中国卖菜工的第一人"——卢旭东。卢旭东创业成功后，还收到了美国农业部的邀请，有机会远赴美国进行半个月的实地考察，并学习了美国的农业技术和管理经验。

（佚名）

人生中最得意的事

老人不等他说完，就十分赞赏地说道："你的两个哥哥做的也是符合良心的事，不过你所做的是以德报怨，这才是最难得的事情呀！"

一位重病不治的老人，临终前把三个儿子叫到了床前，对他们说："在我离开你们之前，给你们三个月的时间出去见识一下，同时，我想看你们做一件最得意的事。我要看你们哪一个所做的事最让人敬佩，我的财产就全部交给他。"

三个月后，三个人都游历完回来了。

大儿子得意地说："在一个茶馆，我遇到了一个陌生人，他把一袋珠宝存放在我这里，他并不知道有多少颗宝石，假如我拿他几个，他也不知道。可是我并没有这么做，等到后来他向我要时，我原封不动地还给了他。"老人听过之后说："不错，这是你应该做的事，若是你暗中拿他几颗，你的一生都会受到良心的责备。"

二儿子接着得意地说："那天，我看到一个小孩落入水里，我立即跳了下去，把孩子救了起来。那孩子的家人要送我厚礼，我却没有接受。"老人听后说："很好，这也是你应该做的事，如果你见死不救，那就跟坏人没什么两样。"

小儿子这时走上前来说："一天，我看见一个病人昏倒在危险的山路上，一个翻身就可能摔死。我走向前一看，竟然是我的仇敌，过去我几次想报复，都没有机会，这回我要弄死他，简直轻而易举，但是我并没有这么做，而是把他叫醒，并且送他回了家。"

老人不等他说完，就十分赞赏地说道："你的两个哥哥做的也是符合良

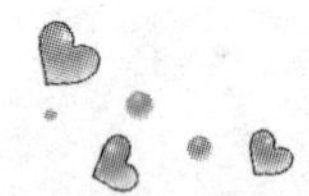

心的事，不过你所做的是以德报怨，这才是最难得的事情呀！”

最终，老人将全部的财产都留给了小儿子。

（佚名）

天使的纽扣

小天使对他说：“你等的不耐烦了了吧？我送给你一个时间纽扣，你可以把它缝在衣服上，当你遇上不想等待的时候，就向右旋转一下纽扣，你想跳过多长时间都可以。”

一个男青年正在一棵大树下等待着与情人见面。迫不及待的他提早来了15分钟，时间过得可真慢呀，他急躁不安，紧张而颓废地坐在大树下长吁短叹。忽然，面前出现了一个小天使。只见小天使对他说：“你等的不耐烦了了吧？我送给你一个时间纽扣，你可以把它缝在衣服上，当你遇上不想等待的时候，就向右旋转一下纽扣，你想跳过多长时间都可以。”

青年兴奋地谢过天使，手里握着纽扣，轻轻地转了一下。果然，情人立即出现在他的眼前，两个人说着甜言蜜语。青年又想，要是现在就举行婚礼该有多好呀！于是他又转了一下纽扣，隆重的婚礼、丰盛的酒席出现在他的面前；美若天仙的新娘依偎着他；乐队奏响着欢乐的音乐，他深深的陶醉其中……

此时的青年又有了新的愿望，他想提早看到他们的孩子长得什么样子，于是他再一次将纽扣转动了一点……青年的愿望从来没有停顿过，他总是想提前看到未来美好的生活，想要一所大房子，想要一个自己的花园和果园，想要一大群可爱的孩子……青年不停地转动着纽扣。

对于男青年来说，时光真得如梭一般飞快，最后，还没有看到花园里开放的鲜花和果园里累累的果实，一切就被茫茫的大雪覆盖了。

男青年看着镜中的自己，头发早已花白了。此时的男青年懊悔不已：我情愿一步步走完人生，也不要这样匆匆而过，还是让我耐心等待吧。

忽然间，扣子猛地转了回去，男青年又在那棵大树下等着可爱的情人了。而现在的他早已将焦躁抛诸脑后了，他开始心平气和地看着蔚蓝的天空，鸟叫声是如此悦耳，草丛里的甲虫是那么可爱。原来，人生不能跳跃着前行，耐心等待并为此而付出努力才能让生命的历程充满乐趣。

（佚名）

戴尔的法宝

现如今，在美国《财富杂志》2003年商界10大影响力人物和《金融时报》的最受尊敬的世界领导人中都可以看见“戴尔”这个名字。

戴尔电脑在当今计算机市场上有着举足轻重的地位，几年以来销售量一直节节攀升。还不到四十岁的迈克尔·戴尔至今已经在其创立的戴尔计算机公司里担任了将近20年的首席执行官。

为什么戴尔公司能在电脑市场如此低迷的情况下高速增长呢？它的致胜法宝有两个——“直接模式”和“市场细分”。戴尔公司最初创业的成功都缘于其创始人——迈克尔·戴尔少年时的创新意识。

上初中的时候，戴尔就拥有了一台苹果电脑，他注意到了商业用途更多的IBM个人电脑。他热切地学习一切有关电脑的知识，利用卖报纸所赚到的钱来购买电脑零部件，将电脑改装后卖掉，获取利益，接着再改装另一台。这期间，他发现电脑的售价和利润空间很没有常规。一台售价3000美元的

IBM个人电脑，零部件可能只要六七百美元就能买到。而且，大部分经营电脑店的人不太懂电脑，并不能为顾客提供技术支持。而他当时已经买进了一模一样的电脑零件，并把电脑升级后卖给认识的人。于是，迈克尔戴尔涌现了一个想法：只要自己的销售量再多一些，就能够跟那些店去竞争，因为没有中间商，所以自己改装的电脑不但有价格上的优势，还有品质和服务的上的优势，即能够根据顾客的直接要求提供不同功能的电脑。

1983年，年仅18岁的迈克·戴尔刚刚进入大学校门，他开着卖报纸赚钱买的白色宝马汽车去学校报到，车的后座上摆着三部个人电脑。在不到一年的时间里，他从IBM经销商那里发掘了一条低价进货渠道，在他的大学宿舍里以低于一般零售价的价格出售。借此，他积累了知识、技能和最初的财富。

1984年，戴尔毅然决定从学校退学，在奥斯汀一个约93平方米的办公室开设了自己的公司，命名为“戴尔计算机公司”。

学生时代的戴尔就是靠电话号码本向顾客推销产品的。但戴尔发现，有两种人几乎一定会愿意订阅报纸：一种是刚结婚的，另一种则是刚搬进新房子的。随后，戴尔进行了大量的调查，发现情侣在结婚时一定会在法院登记地址，另外有些公司会按照住房贷款额度整理出贷款申请者的名单。于是，戴尔想办法搞到了周围地区这两种人的资料，直接给他们寄信，提供订阅报纸的资料。运用了这种模式，戴尔创造了“比顾客更了解顾客”的市场细分战略。

大多数公司主要是做产品细分，而戴尔公司则在此之外还加上顾客细分。随着对于每个顾客群的认识日深，则对于他们的经济实力和财物分配更能够精确衡量，从而制定出日后的绩效目标，使各项业务的全部潜能得以充分发挥。

现如今，在美国《财富杂志》2003年商界10大影响力人物和《金融时报》的最受尊敬的世界领导人中都可以看见“戴尔”这个名字。

（佚名）

一个白色的信封

考试的前几个星期，她给皇家剧院寄去一个棕色的信封，如果失败了，棕色的信封就退回来，如果通过了，就给她寄来一个白色信封，告诉她下次考试的日期。

英格丽·褒曼18岁的时候，梦想在戏剧界成名，可是她的监护人——奥图叔叔却要她当一个售货员或者什么人的秘书。但他知道褒曼非常固执，于是答应给她一次机会，去参加皇家戏剧学院的考试，考不上就必须服从他的安排。

考试的前几个星期，她给皇家剧院寄去一个棕色的信封，如果失败了，棕色的信封就退回来，如果通过了，就给她寄来一个白色信封，告诉她下次考试的日期。

英格丽·褒曼精心准备了一个小品，表演一个快乐的农家少女，逗弄一个农村的小伙子。她比她还大胆，她跳过小溪向他走去，手叉着腰，朝着他哈哈大笑。

考试那天，英格丽·褒曼出台了，她跑两步往空中一跳就到了舞台的正中，欢乐地大笑，紧跟着说出了第一句台词。这时，褒曼很快地瞥了评判员一眼，使她惊奇的是评判员正在聊天，他们大声谈论着，并且比划着。英格丽·褒曼见此情景，非常绝望，连台词也忘掉了。她听到评判团主席说："停止吧！谢谢你……小姐，下一个，下一个请开始。"

英格丽·褒紧在舞台上待了30秒钟就下台了，她什么人也看不见，什么也听不见，她只知道她能做的只有一件事：投河自杀。

她来到河边，看着河面，水是暗黑色的，发着油光，肮脏得很。她想，等她死了别人把她拖出来的时候，身上会沾满脏东西，还得吞下那些脏水。

“唔！这不行。”她把自杀的念头打消了。

第二天，有人告诉她到办公室去取白信封。

白信封！她有了白信封?!

她真的拿到了白信封。她考取了。

若干年以后，英格丽·褒曼碰到了那个评判员，便问他：

“请告诉我，为什么在初试时你们对我那么不好？就因为你们那么不喜欢我，我曾经去自杀过。”

那评判员瞪大眼睛望着她：“不喜欢你？亲爱的姑娘，你真是疯了！就在你从舞台侧翼跳出来，来到舞台上的那一瞬间，而且站在那儿向着我们笑，我们就转身彼此互相说着：‘好了，她选中了，看看她是多么自信！看看她的台风！我们不需要再浪费一秒钟了，还有十几个人要测试呐！叫下一个吧！’”

英格丽·褒曼差点被一时的消极念头毁了自己的前程！

（佚名）

最傻的人

这种做事态度让他在人类历史上首次发现了结核菌、霍乱菌。而第一个发现传染病是由于病原体感染而造成的人，也是这位叫科赫的“最傻的人”。

1862年，德国哥丁根大学医学院的亨尔教授迎来了他的新学生。在对新生进行面试和笔试后，亨尔教授脸上露出了笑容，但他马上又神色凝重起来。因为他隐约感觉到这届学生中的很大一部分人是他教学生涯中碰到的最聪明的苗子。

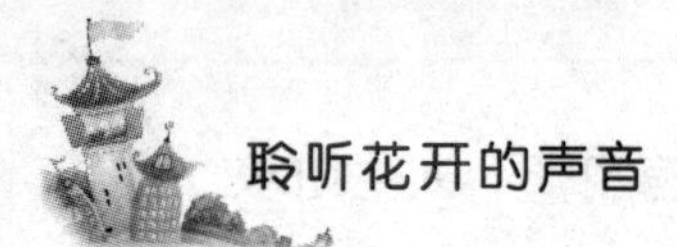

开学不久的一天，亨尔教授突然把自己多年积下的论文手稿全部搬到教室里，分给学生们，让他们重新仔细工整地誊写一遍。

但是，当学生们翻开亨尔教授的论文手稿时，发现这些手稿已经非常工整了。几乎所有的学生都认为根本没有重抄一遍的必要，做这种没有价值而又繁冗枯燥的工作是在浪费自己的青春和生命。有这些时间，还不如发挥自己的聪明才智去搞研究。他们的结论是，傻子才会坐在那里当抄写员。最后，他们都去实验室里搞研究去了。让人想不到的是，竟然真有一个“傻子”坐在教室里抄写教授的论文手稿，他叫科赫。

一个学期以后，科赫把抄好的手稿送到了亨尔教授的办公室。看着科赫满脸疑问，一向和蔼的教授突然严肃地对他说：“我向你表示崇高的敬意，孩子！因为只有你完成了这项工作。而那些我认为很聪明的学生，竟然都不愿做这种繁重、乏味的抄写工作。”

“我们从事医学研究的人，不光需要聪明的头脑和勤奋的精神，更为重要的是一定要具备一种一丝不苟的精神。特别是年轻人，往往急于求成，容易忽略细节。要知道，医理上走错一步，就是人命关天的大事啊！而抄那些手稿的工作，既是学习医学知识的机会，也是一种修炼心性的过程。”教授最后说。

这番话深深触动了科赫年轻的心灵。在此后的学习和工作中，科赫一直牢记导师的话，他老老实实做最傻的人，一直保持严谨的学习心态和研究作风。这种做事态度让他在人类历史上首次发现了结核菌、霍乱菌。而第一个发现传染病是由于病原体感染而造成的人，也是这位叫科赫的“最傻的人”。1905年，鉴于在细菌研究方面的卓越成就，瑞典皇家学会将诺贝尔生理学与医学奖授予了科赫。

（佚名）

九岁的报童

“我不要你粗手粗口，”妈妈说道，“人家粗手粗口，是人家的事。你卖报，不必跟他们学。孩子你需要的是做事情的勇气和坚持下去的毅力！”

亚历山大的童年很清苦，生活条件恶劣，但是贫困的生活却造就了亚历山大坚强的性格和做事情不达目的誓不罢休的毅力。

亚历山大9岁时找到了一份在街上卖《泰晤士报》的工作。他需要那份工作是因为他们需要钱。但是亚历山大害怕，因为他要到闹市区取报卖报，然后在天黑时坐公共汽车回家。他在第一天下午卖完报后回家时，便对妈妈说：“我再不去卖报了。”

“为什么?”妈妈问道。

“你不会让我去的，妈妈。那儿的人粗手粗口非常不好。你不会要我在那种鬼地方卖报的。”

“我不要你粗手粗口，”妈妈说道，“人家粗手粗口，是人家的事。你卖报，不必跟他们学。孩子你需要的是做事情的勇气和坚持下去的毅力！”

懂事的亚历山大深深地埋下了头，他发誓一定要证明给妈妈看——自己是一个坚强的男子汉。

第二天下午，亚历山大去卖报了。那天稍晚时候，亚历山大在圣约翰河上吹来的寒风中冻得要死，一位衣着考究的女士递给他一张6英镑的钞票，说道：“这足够付你剩下的那些报纸钱了，回家吧，你在这外面会冻坏的——可怜的孩子。”

结果，亚历山大仍然继续了下来，把报纸全卖掉后才回家。他知道：冬

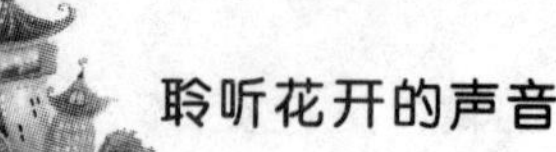

天挨冻是意料中的事，不是罢手的理由。

等到亚历山大长大了以后，每次要出门时，妈妈都会告诫他：“要学好，要做得对。”人生可能遇到的事，几乎全用得上这句话。最重要的是，妈妈教他一定要苦干。妈妈会说：“要是牛陷在沟里，你非得拉它出来不可。”

最后亚历山大成了一名大公司的负责人，但是童年的经历一直铭刻在心上——脚踏实地，绝不服输，一步一步地去成长！

（佚名）

正直的汤金钊

汤金钊就这样一直没再考取公名，直到嘉庆年间，和珅被惩处，汤金钊才进京，并一举考中进士，后历任国史馆总纂、国子监祭酒、内阁学士等要职。

汤金钊是清朝中后期的大官，道光时曾官至吏部尚书，他为人正直宽恕，为官刚正不阿，严明纪律，不徇私情，办事公道，深受朝廷器重，也深受百姓们的爱戴。

青年时的汤金钊曾多次考取科举。一天，刚刚考完试的汤金钊在路上遇到一老翁在桥下哭泣，汤金钊急忙上前问明原因，这个老翁说自己唯一的女儿去年失踪了，现在才打听到消息说可能在京城和珅的府里，自己想去探望，可是路途遥远，自己又没有钱，不知如何是好。

于是，汤金钊当下便借了十多两银子给那个老翁。老翁进京后，真的在和珅府中找到了女儿，原来女儿一年前被和珅看中了，给他做了小妾，父女两个就这样失散了。老翁的女儿非常受和珅的宠爱，当得知是汤金钊给父亲

钱进京时，和珅决定要报答这位青年。于是亲笔写了一封信给主考官，结果把汤金钊考的第三名改成了第一名。

第二年，汤金钊进京赴试，主考官看到他，急忙让他去拜谢和珅，这样就可以高中三元了。汤金钊知道了事情真相，原来自己考取的是第三名，觉得这对于其他考生来说太不公平了，于是以生病为借口匆匆返回了家乡，并表示和珅在朝一天，他就永远不进京城了。

汤金钊就这样一直没再考取公名，直到嘉庆年间，和珅被惩处，汤金钊才进京，并一举考中进士，后历任国史馆总纂、国子监祭酒、内阁学士等要职。

一天，汤金钊的马车在路上前行的时候，忽然不小心将路边一卖菜老翁的菜碰倒了，菜洒了一地。老翁当时并不知道里面坐的是汤金钊，于是对驾车的侍从又打又骂，让赔他菜钱。汤金钊听到了声音，拉开帘子对老翁说："老大爷，您的菜值多少钱啊？我来赔给你。"老翁说要一贯钱。汤金钊于是准备拿钱给他，可一摸自己身上，才发现出门时忘了带钱袋儿。于是，汤金钊让老翁跟着一起回家中取拿钱，可老翁不肯。

这时，南城兵马司指挥正好路过这里，他查明原委后向汤金钊施礼后说："大人，这个小人让我带回去惩治就行了。"老翁这时才知道这位大人就是汤金钊，是人们交口称赞的清廉的好官，于是立即说不要赔偿了。而汤金钊却执意不肯，他向指挥借了一贯钱，并亲手给了老翁。

老翁走后，汤金钊并没有立即赶路，而是停下车来与这个指挥说了好一会儿话，直到老翁走远看不到人影了，这才告别指挥上车离去。原来他是怕指挥再去找那个老翁的麻烦，才故意拖延了时间。

（佚名）

找到自己的"鞋子"

上帝只能给我们一粒种子，只有把这粒种子播进土壤里，精心去呵护，它才能开出美丽的花朵，到了秋天才能收获丰硕的果实。

圣诞节前夕，已经晚上11点多了，新的一年又要来了！

"谢天谢地，今天的生意真不错！看来可以过一个很好的圣诞节了！"忙碌了一天的狄更斯夫妇送走了最后一位来杂货店里购物的顾客后由衷地感叹道。

透过通明的灯火，可以清晰地看到夫妻二人眉宇间那锁不住的激动与喜悦。是该打烊的时间了，狄更斯夫人开始熟练地做着店内的清扫工作，狄更斯先生则走向门口，准备去搬早晨卸下的门板。他突然在一个盛放着各式好看鞋子的玻璃橱前停了下来——玻璃后面是一双孩子的眼睛，透彻而纯洁。

狄更斯先生急忙走过去看个仔细——这是一个捡煤屑的穷小子，约摸八九岁光景，衣衫褴褛且很单薄，冻得通红的脚上穿着一双极不合适的大鞋子，满是煤灰的鞋子上早已破烂不堪了。他看到狄更斯先生走近了自己，目光便从橱子里做工精美的鞋子上移开，盯着杂货店店老板，眼睛里饱含着渴望——狄更斯先生俯下身问道："圣诞快乐，可爱的孩子，请问我能帮你什么忙吗？"

男孩并不做声，眼睛又开始转向橱子里美丽的鞋子，吞吞吐吐说道："我在乞求上帝赐给我一双合适的鞋子，先生，您能帮我把这个愿望转告给他吗？我会感谢您的！"

正在收拾东西的狄更斯夫人这时也走了过来，她先是把这个孩子上下打量了一番，然后把丈夫拉到一边说："这孩子太可怜了，我们发发慈悲吧——今天是圣诞节！"

狄更斯先生却摇了摇头，不以为然地说："不，他需要的不是一双鞋子，亲爱的，请你把橱子里最好的棉袜拿来一双，然后再端来一盆温水，好吗？"狄更斯夫人满脸疑惑地走开了。

狄更斯先生很快回到孩子身边，告诉男孩说："恭喜你，孩子，我已经把你的想法告诉了上帝，马上就会有答案了。"

孩子高兴极了。

水端来了，狄更斯先生搬了张小凳子示意孩子坐下，然后脱去男孩脚上那双布满尘垢的鞋子，他把男孩冻得发紫的双脚放进温水里，揉搓着，并语重心长地说："孩子呀，真对不起，你要一双鞋子的要求，上帝没有答应你，他认为不能给你一双鞋子，而应当给你一双袜子。"

——这时，男孩脸上的笑容突然僵住了，失望的眼神充满不解，露出失望的神情。

狄更斯先生急忙补充说："别急，孩子，你听我把话说明白，我们每个人都会对心中的上帝有所乞求，但是，他不可能给予我们现成的好事，就像在我们生命的果园里，每个人都追求果实累累，但是上帝只能给我们一粒种子，只有把这粒种子播进土壤里，精心去呵护，它才能开出美丽的花朵，到了秋天才能收获丰硕的果实；也就像每个人都追求宝藏，但是上帝只能给我们一把铁锹或一张藏宝图，要想获得真正的宝藏还需要我们亲自去挖掘。关键是自己要坚信自己能办到，自信了，前途才会一片光明啊！就拿我来说吧，我在小时候也曾企求上帝赐予我一家鞋店，可上帝只给了我一套做鞋的工具，但我始终相信拿着这套工具并好好利用它，就能获得一切。很多年过去了，我做过擦鞋童、学徒、修鞋匠、皮鞋设计师……现在，我不仅拥有了这条大街上最豪华的鞋店，而且拥有了一个美丽的妻子和幸福的家庭。孩子，你也是一样，只要你拿着这双袜子去寻找你梦想的鞋子，脚踏实地——永不放弃，那么，肯定有一天，你也会成功的。另外，上帝还让我特别叮嘱你：他给你的东西比任何人都丰厚，只要你不怕失败，不怕付出！"

终于，男孩若有所悟地从狄更斯夫妇手中接过"上帝"赐予他的袜子，像是接住了一份使命，迈出了店门。他向前走了几步，又回头望了望这家鞋店，眼睛里充满了感激和坚定的神情——男孩一边点着头，一边迈着轻快的步子消失在夜的深处。

30多年过去了，又是一个圣诞节——

年逾古稀的狄更斯夫妇早晨一开门，就收到了一封陌生的信件——

尊敬的狄更斯夫妇：

祝您圣诞快乐！您还记得30多年前那个圣诞节前夜，那个捡煤屑的小伙子吗？他当时乞求上帝赐予他一双鞋子，但是上帝没有给他鞋子，而是别有用心地送了他一番比黄金还贵重的话和一双袜子。正是这样一双袜子激活了他生命的自信与不屈！这样的帮助比任何同情的施舍都重要，给人一双袜子，让他自己去寻找梦想的鞋子，这是你们的伟大智慧。衷心地感谢你们，善良而智慧的先生和夫人，他拿着你们给的袜子已经找到了对他而言最宝贵的鞋子——他当上了美国的第一位共和党总统。

“现在的美国总统竟然是那个孩子！”狄更斯夫人惊喜地喊道！

“谢天谢地，那孩子终于找到了属于自己的‘鞋子’，真为他高兴！”狄更斯先生附和道。

（佚名）

“聪明”的古董商

那位老实巴交的农夫突然变了脸色，一本正经地说：“那可不行，要知道，我已经靠这只碗卖出好几只小狗了——这可是我的财神爷！”

一位自以为很聪明的古董商，不喜欢脚踏实地地做生意，整天想着“天上能够掉馅饼”。抱着侥幸的心理，古董商来到了一个小山村——希望能够大捞一把。

很多天后，古董商惊喜地发现了一只也许是年代久远的碗——”这可是难得的奇货呀……”他心里喃喃自语。此时这只珍贵的老碗正被一个农夫用来

喂一只小狗。古董商心里盘算着，如何才能不动声色地把这只碗弄到手。

于是古董商对农夫说:”早上好啊，您的小狗看上去真可爱，我母亲病在家里，如果能有一只可爱的小狗陪陪我的母亲该多好啊——我很想把这只小狗买下来送给我亲爱的妈妈！”

农夫老实巴交地说:“这只小狗是我从小把它喂大的，原本舍不得卖——不过，念在你一片孝心的份上，好吧，我就忍痛割爱了，希望你母亲早日康复！”

古董商一听，差点乐晕过去:“没想到第一步这么容易就成功了，地处偏僻的乡下人真是不识货——这简直是拿着金碗要饭哪。”

古董商心里一边感慨着，一边开始盘算着怎么将他的碗搞到手。

古董商随意地瞥了一眼小狗用的那个碗，也就是让他心砰砰跳的那个碗，轻描淡写地对农夫说:“看来小狗每天都得用这只碗来吃饭，已经养成习惯了。真担心离开这只碗它会不吃饭。这样吧，我再给你加点钱，连这只破碗一块儿带走吧!”

那位老实巴交的农夫突然变了脸色，一本正经地说:“那可不行，要知道，我已经靠这只碗卖出好几只小狗了——这可是我的财神爷！”

（佚名）

成功是一步步走出来的

几年以后，法兰克创造出了自己的雪糕品牌——“天使冰王”，现已稳居美国市场的领导地位，拥有全美70%以上的市场占有率，在全球60多个国家有超过4000多家专卖店。

20世纪70年代，在美国加州萨德尔镇有一位名叫法兰克的年轻人，由于家境贫寒，法兰克被迫放弃了学业，到芝加哥寻找出路。

芝加哥是一个很繁华的城市，工作机会很多，但都需要一定的学历和经验。法兰克转了好几个月，一份工作也没找到。

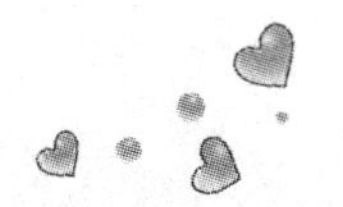

一天，法兰克看到大街上不少人以擦皮鞋为生时，无奈中的法兰克、也买了把鞋刷给人擦皮鞋。半年后，法兰克觉得擦皮鞋很辛苦，而且赚的钱只够自己生活。

于是，法兰克向朋友借了一些钱租了一间小店，边卖雪糕边给别人擦鞋。雪糕生意比擦鞋强多了，欢喜之余，他在小店附近又开了一家小店，同样是卖雪糕。谁知雪糕生意一天比一天好，后来他干脆不擦鞋了，专门卖雪糕，并将父母接到城里给他看摊，还请了两个帮工。从此，法兰克的雪糕生意越做越火。

几年以后，法兰克创造出了自己的雪糕品牌——“天使冰王”，现已稳居美国市场的领导地位，拥有全美70%以上的市场占有率，在全球60多个国家有超过4000多家专卖店。

这只不过是一个很普通的成功故事，但就在法兰克创业的同时，在落基山脉附近的比灵斯也有一位年轻人，他叫斯特福，他跟法兰克几乎是同时到达芝加哥。

斯特福刚刚研究生毕业，他的愿望就是能像父亲一样成为大商人。就在法兰克拿着刷子在大街上给别人擦鞋的时候，斯特福正住在芝加哥最豪华的酒店里进行自己的市场调查。耗资数十万，经过两年多时间的周密调查和精确分析，斯特福得出的结果是：卖雪糕。而此时，法兰克的雪糕店已经遍布全美。

（佚名）

感恩的心

恰巧在这个时候，有位音乐家刚好路过，看到如此悲惨的局面，便过去安慰那女孩。在了解了那女孩子的身世后，他深为感动，回到家里后，便根据那女孩的经历写出了这首歌《感恩的心》送给她。

在一个小镇上，有一位独身的女人，她每天靠捡垃圾为生。在一个浓云密雾的早晨，她像往常一样去捡垃圾。当她将身子探进一个垃圾箱的时候，突然，她意外地发现了一个襁褓，她忙着打开一看：原来是一个女婴。只见这个女婴满脸是泪地哭着，有气无力地喘着，可就是不发一声。

女人带着怜悯、带着对生命的珍爱，把女婴抱回了家。从此，这天赐的一对母女，便相依为命地开始了她们更加艰辛的生活。几年过去了，小女孩儿在妈妈的精心抚养下，一天天地长高、一天天地长大，可就是不管发生多大的声音，小女孩都没有丝毫的反应。这时，妈妈才知道：她抱回来的是一个聋哑女孩儿。妈妈的心再一次被刺痛了。妈妈下定决心：一定要不惜一切代价，把这可怜的孩子抚养成人。

从那以后，妈妈每天起得更早、回得更晚了。一晃，又是几年过去了，小女孩儿长到了十几岁。这时，小女孩发现：妈妈的鬓发已经花白了，腰也弯了，脚步也变得迟缓蹒跚了……小女孩知道：妈妈老了！妈妈都是为了她的生活和学习呀！小女孩儿无法用语言报答自己心中对妈妈的感激和热爱。于是，她在心底暗暗地告诫自己：一定要勤奋努力、刻苦学习，一定要以优异的成绩回报妈妈的一片爱心！

白天，小女孩儿克服了常人们难以想象的困难，勤奋学习；晚上，每到日落时分，小女孩儿都要深情地站在家门口，充满期待地望着门前的那条路，等候妈妈回家……每天，当妈妈回家的时候，是她一天中最快乐的时刻：因为，妈妈每天都要给她带一块年糕。在她们贫穷的家庭里，一块小小的年糕，对于小女孩儿来说，可谓是美味佳肴，已经是她最大的满足了！

就这样，一年一年地过去。终于，有一天，一件特大的喜讯传到了小女孩儿的心中：小女孩收到了大学的录取通知书，她考上了大学、她实现了多年来梦寐以求的愿望！小女孩儿马上在第一时间，把这个振奋人心的好消息，告诉了20年来为自己含辛茹苦、任劳任怨的妈妈！妈妈听到了这个喜讯，不由得老泪纵横、泣不成声。妈妈是高兴、是激动啊……近20年的风风雨雨，今天，终于有了一个满意的结果，妈妈怎能不百感交集、泪如雨下呢？

小女孩儿，一边为妈妈擦着泪水，一边安慰着妈妈……过了好一会儿，妈妈好像忽然想起了什么，便慢慢的走到衣柜前，双手颤抖地拿出了一个襁褓——那是小女孩儿被遗弃的证明，妈妈在这特殊的日子里，将小女孩的身世一五一十的告诉了她。小女孩听后，不由得大吃一惊，双腿跪在地上，一头扑进妈妈的怀中，失声痛哭……这天晚上，妈妈和小女孩儿谈了整整一夜，将这20年的辛酸往事和痛苦回忆全都告诉了小女孩儿……不知不觉，天亮了，妈妈又要出门捡垃圾去了。小女孩儿多么想从此不让妈妈再捡垃圾，好好的在家中度过她幸福的晚年呀！可是，未来的生活和学费又怎么解决呢？这残酷的现实，实在是让小女孩儿无可奈何……忽然，小女孩眼睛一亮，用手语和妈妈说：妈妈，今天晚上您一定要早点回家，我要为您做一顿最香、最美的晚餐，感谢您这20年来对我的养育、教育之恩。我们好好的庆祝一下好吗？妈妈听罢此话，脸上的皱纹泛出了微笑……

这一天，在小女孩儿的生命里，感觉是过得最慢的一天，她等啊、盼啊，好不容易挨到了太阳落山。小女孩儿，兴高采烈地做好了晚饭，盼望着和妈妈吃上这一顿，20年来最幸福、最有意义的晚餐。

小女孩儿，高兴地站在家门口等啊等，从黄昏等到了日落，妈妈还没有回来；

小女孩儿，焦急地站在家门口望啊望，从日落望到了夜晚，还是看不到妈妈的身影……这时，天空忽然狂风大作，下起了大雨……在这漆黑的夜晚，

风裹着雨，雨夹着风，一阵一阵地侵袭着大地……天，越来越黑；雨，越下越大……小女孩儿更加担心妈妈，她决定：顺着妈妈每天回来的路，自己去找妈妈。

她走啊、走啊，走了很远……

突然间，她在路边看见了倒在地上的妈妈，他马上跑过去抱起妈妈，使劲地摇晃着妈妈的身体、使劲的摇……心里在说："妈妈，女儿已经为您做好了，我们有生以来最丰盛的晚餐，您怎么躺在这里，不想吃一口吗？"

不管小女孩怎么摇晃，妈妈却一句话也没有说。小女孩儿以为妈妈太累了、以为妈妈睡着了，就把妈妈的头，枕在自己的腿上，想让妈妈睡得舒服一点儿。过了好一会儿，她突然发现：妈妈的眼睛是睁着的！小女孩吓了一跳。她明白了：妈妈，可能已经离开了她；妈妈，已经告别了人间！

小女孩儿恐惧万分，她拉过妈妈的手使劲地摇晃、使劲地摇晃……这时，她才发现：妈妈的手里还紧紧地攥着一块年糕……她拼命地哭着、拼命地哭……却发不出一点声音……

雨，一直在无情地下着。小女孩儿在这雷雨交加、冷风刺骨的夜晚，不知哭了多久。她知道：妈妈再也不会醒来了，妈妈再也回不来了，现在，家里就只剩下她一个人了。

小女孩儿，一边哭、一边为妈妈擦着脸上的雨水……可是，此刻，妈妈的眼睛还没有闭上……妈妈的眼睛为什么闭不上呢？小女孩儿慢慢地明白了：妈妈，是因为不放心她呀！

这时，小女孩儿忽然明白了自己应该怎样做。于是，她擦干眼泪，决定用自己的语言来告诉妈妈：她一定会好好地生活、好好地学习，让妈妈放心地走吧……

就这样，小女孩儿在雨中，跪在妈妈的尸体面前，一遍一遍地用手语诉说着这首《感恩的心》：

我来自偶然，象一颗尘土，有谁看出我的脆弱？

我来自何方，我情归何处，谁在下一刻呼唤我？

天地虽宽，这条路却难走，我看遍这人间坎坷辛苦；

我还有多少爱，我还有多少泪，让苍天知道：我不认输！

感恩的心，感谢有你！伴我一生，让我有勇气做我自己！

感恩的心，感谢命运！花开花落，我一样会珍惜！

泪水和雨水交织在一起，从小女孩儿小小的手上和写满坚毅的脸上滑过……小女孩就这样，跪在雨中不停地做着、做着……诉说着、诉说着……一直到妈妈的眼睛终于闭上……

恰巧在这个时候，有位音乐家刚好路过，看到如此悲惨的局面，便过去安慰那女孩。在了解了那女孩子的身世后，他深为感动，回到家里后，便根据那女孩的经历写出了这首歌《感恩的心》送给她。

（佚名）

没有什么不可以改变

所以你看，世界上没有什么不可以改变，美好、快乐的事情会改变，痛苦、烦恼的事情也会改变，曾经以为不可改变的事，许多年后，你就会发现，其实很多事情都改变了。

整理旧物，偶然翻出几本过去的日记。日记本的纸张有些发黄了，字迹透着年少时的稚嫩，我随手拿起一本翻看。

“今天，老天，老师公布了期末成绩，我万万没有想到，自己竟然考了第五名。这是我入学以来第一次没有考第一，我难过地哭了，晚饭也没有吃，我要惩罚自己，永远记住这一天，这是我一生最大的失败和痛苦。”

看到这，我自己忍不住笑了。我已经记不得当时的情景了。也难怪，自离开学校后这十几年所经历的失败与痛苦，哪一个不比当年没有考第一更重

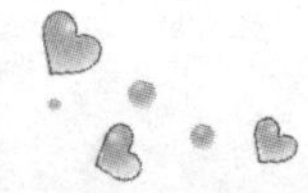

呢？

翻过这一页，再继续往下看。

“今天，我非常难过。我不知道妈妈为什么那样做？她究竟是不是我的亲妈妈？我真想离开她，离开这个家。过几天就要填报高考志愿了，我要全都报考外省的大学，离家远远的，我走了以后再不回这个家！”

看到这，我不禁有些惊讶，努力回忆当年，妈妈做了什么事让自己那么伤心难过，但是怎么想也想不起来。又翻了几页，都是些现在看来根本不算什么事可是在当时却感到“非常难过”、“非常痛苦”或是“非常难忘”的事。看了不觉好笑，我放下这本又拿起另一本，翻开，只见扉页上写道：献给我最爱的人———你的爱，将伴我一生！我的爱，永远不会改变！

看了这一句，我的眼前模模糊糊浮现出那个同桌的他，曾经以为他就是我的全部生命，可是离开校门以后，我们就没有再见面，我不知道他现在在哪儿，在做什么。我只知道他的爱没有伴我一生，我的爱，也早已经改变。经历了许多的人，许多的事，到现在才明白：这个世界上，没有什么不可以改变。

曾经以为自己不会读低俗的武侠小说，现在才知道，武侠自有武侠的好，我的枕边每天都放着金庸和古龙的作品。

曾经以为只要好好爱一个人，就不会分手，现在才知道，你对他好，他也一样会爱别人。

曾经以为自己不会再爱上第二个人，可是现在，我正经历着一生中的第二次爱情，和第一次一样甜美，一样折磨人，一样沉迷，一样刻骨。

所以你看，世界上没有什么不可以改变，美好、快乐的事情会改变，痛苦、烦恼的事情也会改变，曾经以为不可改变的事，许多年后，你就会发现，其实很多事情都改变了。而改变最多的，竟是自己。不变的，只是小孩子美好天真的愿望罢了！

（佚名）

把良心换成钱

就这样，其他的动物们看到狐狸出卖良心，发了大财，还受到了国王的表扬，于是纷纷效仿。

动物王国里生活着许多可爱善良的小动物。一天，一只猴子跑到了城里的动物园了，看到了它的弟弟。回来之后，它兴冲冲地跑去向狮王说道："大王，我们为什么过不上富足的生活呢？你看看我弟弟，吃的是山珍海味，穿的是名牌皮毛，住的是豪华笼子，身边漂亮母猴多得像蚂蚁，一个劲地缠着叫'猴哥'，桑拿按摩周身暖，麻将搓到五更寒……"

狮王听到猴子的弟弟竟然过着神仙般的生活，忙问："你弟弟是怎么过上这种神仙日子的？"

猴子回答："我弟弟对我说，有钱就有一切，而它的钱全是靠出卖良心赚来的。"

狮王点了点头："这好办，良心咱们多的是，拿去换就是了！"

于是，动物王国在狮王的带领下开始了将良心换在钱的行动。狐狸首先开始响应，他掘到了森林里的第一桶金，以闪电般的速度开办了一家大型超市，经营各种动物的生活用品和食物。刺猬在超市买了一瓶洗发水，用了之后每天要掉十根刺；野猪准备结婚，买了一床新被子，拆开一看，发现里边装的全是脏布片和碎纱头……接二连三的假冒伪劣商品事件。然而狮王并没有因此而批评它，还授予他"森林经济发展杰出青年"的光荣称号。

就这样，其他的动物们看到狐狸出卖良心，发了大财，还受到了国王的表扬，于是纷纷效仿。

没过多久，森林里的正常秩序就失了常。猫不再抓老鼠，母鸡也无心下

蛋了，更可怕的是，狼等食肉动物开始肆意地残害其他小动物……不到一个月，动物王国的美丽景象就不复存在了，动物们都陷入了恐慌之中。

（佚名）

人生如水

此人遂大悟："我明白了，人可能被装入规则的容器，但又应该像这小小的水滴，改变着这坚硬的青石板，直到破坏容器。"

有一个人总是落魄不得志，便有人向他推荐智者，于是他去向智者请教。

智者沉思良久，默然舀起一瓢水，问："这水是什么形状？"这人摇了摇头，说："水哪有什么形状？"智者不答，只是把水倒入杯子，这人恍然："我知道了，水的形状像杯子。"智者无语，又把杯子中的水倒入旁边的花瓶，这人悟道："我知道了，水的形状像花瓶。"智者摇头，轻轻端起花瓶，把水倒入一个盛满沙土的盆。清清的水便一下融入沙土，不见了。

这个人陷入了沉默与思索。

智者弯身抓起一把沙土，叹道："看，水就这么消逝了，这也是一生！"

这个人对智者的话咀嚼良久，高兴地说："我知道了，您是通过水告诉我，社会处处像一个规则的容器，人应该像水一样，盛进什么容器就是什么形状。而且，人还极可能在一个规则的容器中消逝，就像这水一样，消逝得迅速、突然，而且一切无法改变！"这人说完，眼睛紧盯着智者的眼睛，他现在急于得到智者的肯定。

"是这样。"智者拈须，转而又说，"又不是这样！"说毕，智者出门，这人随后。在屋檐下，智者伏下身子，手在青石板的台阶上摸了一会儿，然后顿住。这人把手指伸向刚才智者所触摸之地，他感到有一个凹处。他不知道这本来平整的石阶上的“小窝”藏着什么玄机。

智者说：“一到雨天，雨水就会从屋檐落下，看这个凹处就是水落下的结果。”

此人遂大悟：“我明白了，人可能被装入规则的容器，但又应该像这小小的水滴，改变着这坚硬的青石板，直到破坏容器。”

智者说：“对，这个窝会变成一个洞！”

人生如水，我们既要尽力适应环境，也要努力改变环境，实现自我。我们应该多一点任性，能够在必要的时候弯一弯，转一转，因为太坚硬容易折断。惟有那些不只是坚硬，而更多一些柔韧，弹性的人，才可以克服更多的困难，战胜更多的挫折。

（佚名）

从“监狱”寻找希望

这个未进行完的心理实验后来被法律禁止了，原因是它太不人道。它让我们看到了人性中阴暗的一面，在充满危机和暴力的团体中，人们也变得残忍。

著名心理学家津巴多曾经做过一个实验，虽然备受争议，最后还是被迫停止，但这个实验本身却引发了人们不少的思考。

实验实验是这样做的：他们招收了21位本科生作为志愿者，让他们体验监狱生活。在实验中，他们分别扮演看守或者犯人。而在此之前，这21个人都经过了性格测试，被评定为情绪稳定、成熟守法的人。通过扔硬币的方式，10个人被派去当囚犯，11个人做看守，共进行两周实验。“犯人”们在一个星期天的早晨被“逮捕”了，戴上手铐，在警局

登记名册，然后被带入“监狱”。一切模拟得都跟真的无异。“看守”们还制定了一些规则：“犯人”在进餐、休息和熄灯后必须保持沉默；他们必须按时就餐；彼此称呼号码，要管“看守”叫“干部”，等等。触犯任何条例都将遭到惩罚。

这本来就像一场游戏，但出人意料的是，“看守”和“囚犯”很快变得像现实中的一样——“看守”们认为“囚犯”都是危险的，对他们态度严厉。而“犯人”也把“看守”看成施虐狂，暗地里心存反抗。在几天之后，“犯人”们当真组织了一次反叛活动，但被“看守”们残酷地压制了。自此，“看守”们又制定了更多的规则来约束“犯人”，甚至想一些办法来折磨他们。

在实验进行到中途的时候，有很多人表现出头脑混乱，不管是“犯人”还是“看守”。有一位“看守”在实验前认为自己是一个和平主义者，不喜欢进攻别人，但在实验的第5天，他竟然开始肆意处罚“犯人”，只因为他讨厌这个人。他自己写道：“囚犯（416）不吃这种香肠，我决定强行让他吃，我让食物从他脸上流下来……我为逼迫他吃东西而感到内疚，可是，因为他不吃我感到更恼火。”

到实验的第5天，实验者不得不宣布实验结束，以保全所有人。这个实验让人们大吃一惊，这些极为正常的年轻人竟会如此轻易地被激发起施虐行为，它表明，正常的、健康的、受过教育的年轻人在“监狱环境”的团体压力下能够迅速地发生转变，这也能解释人们在某些环境中为什么会有一些反常的过激行为。这个未进行完的心理实验后来被法律禁止了，原因是它太不人道。它让我们看到了人性中阴暗的一面，在充满危机和暴力的团体中，人们也变得残忍。

但不可否认的是，从这个实验中，我们也能得到积极的启示，那就是好的团体环境是可以营造的。很多管理者非常注重团队精神的塑造，让每个成员在其中扮演“帮助者”、“创造者”的角色，培养他们团结互助、积极进取的品质，使整个团队成为和谐而有战斗力的集体。

（佚名）

天下最低价

她付钱时问："叔叔，你卖给我的真的是最低价吗？"我苦笑着说："除了你，我再不会卖这么低的价钱了！不然，我会饿肚子的。"小女孩听了，心满意足地吃烧烤去了。

我第一次摆地摊。两小时过去了，没有一笔生意。正在沮丧的时候，从人流中冒出三个约七八岁的小女孩，围在我的小摊前观看。其中一个显然被装有小纽扣电池、闪闪发光的胸章吸引了。她叫另外两个先去帮她烤烧烤，自己留下来选购。她蹲下来，拿起胸章端详了一会，问多少钱。我说八块。她说四块！我不答应，因为几乎赚不到钱。僵持了一会，小女孩突然笑嘻嘻地望着我，低声嚷道："求求你了，叔叔！我求求你了，叔叔！四块钱好吗？……""哀求"声连绵不绝，不达目的不罢休。这可能是她的绝招了。我招架不住，头一低，答应了。

她付钱时问："叔叔，你卖给我的真的是最低价吗？"我苦笑着说："除了你，我再不会卖这么低的价钱了！不然，我会饿肚子的。"小女孩听了，心满意足地吃烧烤去了。

小女孩走后，我的生意好起来了，当晚收入不错。于是，第二天晚上，我又在附近摆地摊。有一个中年妇女来问发光的胸章多少钱。我想可能是问着玩的，没心思和她讨价还价，直接讲买价，六块钱一个。她说便宜一点。我说这是最低价。

她说如果价钱对的话，可以多买几个。我说大姐，你是个明白人，我讲的都是最低价。她不甘心地絮絮叨叨一会，终于悻悻地空手离开。

一阵风吹来，把不远处烧烤的香味带来，使我想起了昨晚的小女孩。就在这时，那三个小女孩奇迹般地从人流中钻了出来。如昨天一样，小女孩又

叫另外两个去买烧烤，自已留下来选购。她挑了两张头巾，说：“妈妈一张，我一张。”然后问多少钱。我说已经是熟人了，直接给你最低价，四块。小女孩没说什么。又挑了一把指甲刀，说也是给妈妈买的，多少钱。我说三块。她没和我讨价还价。当她付钱时，我说：“为什么不给你爸爸选一样？”她听了一怔，脸上的快乐全跑光了。她把手里的头巾和指甲刀一放，说：“我不想买了！”然后，快步走了。

我很懊悔提出画蛇添足的建议，接下来，做生意也提不起劲来。当晚的生意很清淡，但我决定明天还来。

第三天，我在老地方摆好摊不久，那小女孩如天使般出现在我眼前。这回，她是一个人来的。她一蹲下就把手里的钱向我递来，说：“给，补你的四块钱！”我问为什么。听了她的讲述，我才明白昨天来问价钱的中年妇女是她家里的保姆，小女孩派她来打探价钱，看看我给她的是不是惟一的最低价，我是不是在骗她。当然，我幸运地通过了她的考试，她愿意补上我少赚的钱。我谢绝了，但要求她告诉我为什么不相信人。

原来小女孩的爸爸是做生意的，近来很少回家，除了不停地往家里汇钱，什么都不管。家里常常只有她和妈妈，保姆。妈妈告诉她，爸爸说生意忙，不能回家是骗人的，因为他在外面有了别的女人。爸爸说爱她们母女，也是骗人的。小女孩不相信，妈妈就说做生意的全是骗子，难道你在街上买东西时没有感觉到。小女孩讲到这里，扭头看着我，高兴地说：“你也是做生意的，但我知道你不是骗子，所以妈妈说的不对，所以爸爸也不是骗子，是吗？”我点头，表示赞同。

这时，小女孩跳起来，蹲在小摊前说：“我要帮爸爸买个剃须刀。他老用胡子扎我！”她选好一个，问多少钱。我说：“不要钱，送给你吧！”她说：“不，一定要给钱！”我伸出右手，用拇指和食指圈成一个“0”，认真地说：“给这个数吧，最低价！”她说：“那好，伸出手来！”我依言。她用小手掌柔柔地贴在我的手掌上，表示付钱，同时，调皮地问：“这是天下最低价吗？”我说是的。她嘻嘻地笑了。我惊讶地发现，想不到地球上竟然有这么可爱的小女孩。

（佚名）

强盗的箴言

“什么知识？我看到的不过是一堆破书和笔记而已。捆在包里的知识、能被我抢走的知识恐怕不是你的知识吧。蠢货，打你都怕脏了我的手，滚吧！”

安萨里外出游学近十载，几乎集中了那个时代人与主的全部智慧。他把这些书籍、笔记打包背在身上。

终于，他可以背着自己着自己鼓鼓囊囊的包回家了，离开尼沙布尔———那个中世纪最负盛名的“知识之城”———满怀着对知识的虔诚。

在西亚通向中亚的茫茫高原上，有好多的商队，为知识而奔波的人毕竟是少数，而为金钱不择手段者则充塞了道路。

安萨里遇到了强盗。他们搜掠了商队的所有财宝。现在轮到安萨里了。

“除了这些东西，我可以把我所有的东西给你们，求你们把这些东西留给我。”安萨里抱着自己的包裹。

这些东西是什么？难道比金银珠宝更贵重？强盗们打开了安萨里的包，看到里面不过是一大堆黑纸。强盗们大概很迷惑，这个文弱的青年不远千里要背回家的难道是这堆没有一点儿光泽的黑纸？

“这是什么？有什么用处？”

“这是我多年的学习笔记，对你们毫无用处，对我却是无价之宝。如果你们把它拿走，我的知识就没了。求求你们，我在求知的路上付出了太多的艰辛啊。”

黄沙弥漫，地阔天空。中世纪的太阳高悬在一文不名的年轻学者和腰缠万贯的强悍文盲头上，苍茫而鲜亮。

强盗头子哈哈大笑：“抢走你的知识？哼！”强盗们发出此起彼伏的笑

声。“什么知识？我看到的不过是一堆破书和笔记而已。捆在包里的知识、能被我抢走的知识恐怕不是你的知识吧。蠢货，打你都怕脏了我的手，滚吧！”

史书没有记载安萨里包裹的去向。我大胆推测，强盗们一定是以轻蔑的眼神狠狠地把包裹掷向安萨里的怀里，绝尘而去。

安萨里后来成为塞尔柱王朝时期最伟大的思想家和著作家，他的《哲学家的矛盾》、《迷途指津》成为那个时代思想的高峰，他的仅有两万多字的《致孩子》在上个世纪被联合国教科文组织指定为世界儿童必读书。安萨里说：“引导我思想成长的最好箴言是从强盗的口中听到的。”

（佚名）

归 属

我看见了基督的完美再现，他的灵催促地上的生命去接纳一个新人，终于，约翰知道自己有所归属。

约翰·卡米根（JohnKarmegan）来到印度韦洛尔找我时，他的麻疯病已相当严重。我们能够为他做的甚少，外科诊断，他的手脚已受到无法复元的伤害；但我们仍可以提供一个住处，并雇用他在新生命中心工作。因为半边脸瘫痪，约翰不能像正常人那样微笑。每次想笑时，那不平均的脸部表情就会教人注意到他的瘫痪。人们往往回以屏息，或显出恐惧的表情，所以他尽力克制笑。

我的妻子玛格丽把他的部分眼皮缝在一起，好保护他的现力。由于周围人的态度，约翰变得愈来愈偏执。或许因为那张损毁的脸，造成了他严重的人际问题，他以制造麻烦来发泄对世界的不满。

我记得在许多紧张场面下，我们必须当面揭穿他的不诚实及偷窃的行为。他用残酷的方法对待其他病人，抗拒任何管理，甚至组织绝食抗议来对付我们。几乎每个人都认为，约翰已到了无可救药的地步。

约翰的情况引起了母亲的注意；母亲习惯于关心那些不受欢迎的人。她喜欢约翰，花时间陪他，最后带他接受了基督信仰。他在麻疯病院的一个洗礼池里受了洗。信仰并没有使约翰对世界的极端忿怒缓和下来。他在病人中间交了一些朋友，但一辈子的被拒感和被亏待，使他对所有正常人心存刻薄。有一天，几乎是挑衅地，他问我他可否参加韦洛尔地区塔米尔教会的聚会。

我拜访了教会的领袖，向他们描述约翰的情形，保证虽然他的外貌有缺陷，但他的病情已被控制住，不会对其他会众造成威胁。他们同意让约翰前去。“他可以领圣餐吗?”我问，我知道他们向来共用一个圣餐杯。他们彼此对看，稍微沉思，然后同意约翰可以领圣餐。

不久，我便带约翰到教会。那是平原上一栋以砖头砌成的建筑物，盖着皱铁皮。很难想象一名心灵受创、偏执妄想的麻疯病人，是如何尝试第一次踏入那样的场所。我跟他站在教堂后面。他瘫痪的脸上没有反应，直到身体的哆嗦显出他内心的状况。我心中默祷，希望会友当中无人看不到任何拒绝的态度。

我们在唱第一首诗歌时走进去，一名印度男人半侧身看见我们。我们两个看来一定很奇怪：一个白人站在一名满身溃烂、几乎体无完肤的麻疯病人旁边。我屏息以待。然后事情发生了。那人放下圣诗，开心地微笑，拍拍在他身旁的椅子，示意约翰过去。

约翰惊愕不已，犹豫一下，终于拖曳着身子，靠着半身的力量往前移动，到位子坐下。我终于松了一口气，作了个感恩的祷告。

那天发生的事，成了约翰生命中的转折点。数年以后，我再次造访韦洛尔，顺道到一间专为聘用残障人士而设的工厂参观。

经理带我去看一部为打字机制造小螺丝的机器。我们走过嘈杂的工厂，他说要为我介绍一位曾经获奖的员工，那人曾经获得该集团在全印度工厂中品质最好，被退货次数最少的奖励。当我们走到那员工的工作位置，他转身

跟我们打招呼，我看见约翰那张熟悉的扭曲面容。

他抹去那只短而粗的手上的油脂，露出我所看过最丑陋、最可爱、最有光彩的笑容。他拿了一把使他得奖的精细螺丝给我看。

一个简单的接纳动作看来不算什么，却对约翰产生了决定性的影响。在一辈子被人以外表审断之后，他终于因着内心的另一副面容而被欢迎。我看见了基督的完美再现，他的灵催促地上的生命去接纳一个新人，终于，约翰知道自己有所归属。

（佚名）

最好的铁锤

慢慢地凭借一把把“最好的铁锤”，雅克·图雷成了百万富翁——良好的信誉和守信的作风，为图雷创造了数不尽的财富。

19世纪，在美国蒙大拿州的一座村庄，一个木匠来到一个铁铺，对铁匠雅克·图雷说：“请给我做一柄最好的锤子，做出你能做得最好的那种，千万不要吝惜你的力气呀。”

“我这里卖出的每一柄锤子都是最好的——这一点，我保证。”铁匠雅克·图雷非常自信地说，“可是我的锤子很贵的，但你会出那么高的价钱吗？”

“会的。”木匠维多说，“我需要一柄好锤子。”

雅克·图雷和木匠维多成交了。

最后，铁匠图雷交给那位木匠的的确是一柄很好的锤子。对于这位木匠来说，他做木工十多年，用过不少锤子。可是，他还从来没有见过哪柄锤子比这个更好。尤其值得称道的是，锤子的柄孔比一般的要深，柄可以深深地嵌入孔中。这样，在使用时锤头就不会轻易脱柄。事实证明，雅克·图雷的锤

子果真是最好的。

木匠维克对这个锤子非常满意。回到工地后，他不住地向同伴炫耀他的新工具，引起了大家的兴趣。

第二天，和维克一起做工的木匠都跑到铁铺，每个人都要求订制一把一模一样的最好的锤子。这些优质的锤子很快被工头发现了，于是，工头也来给自己订了两把，而且要求比前面订制的都好。

“这我可做不到。”图雷说，“我打制每个锤子的时候，都是尽可能把它做得最好，我不会在意谁是主顾。”后来，一个五金店的老板听说了此事，一次在图雷这里订了24把锤子。不久，纽约城里的一个商人经过这座村庄，偶然看见了图雷为五金店老板打制的锤子，强行把它们全部买走了，还另外留下了一个长期订单。

在漫长的工作过程中，图雷总是在想办法改进铁锤的每一个细节，并不因为手里握着的只是一柄铁锤而疏忽大意。尽管这些锤子在交货时并没有什么合格或优质等标签，但人们只要在锤子上见到图雷几个字，就会毫不犹豫地买下它。

雅克·图雷成了远近闻名的铁锤制造大王，慢慢地凭借一把把“最好的铁锤”,雅克·图雷成了百万富翁——良好的信誉和守信的作风,为图雷创造了数不尽的财富。

（佚名）

第五辑　命的高度

生命，赋予每个人只有一次，弥足珍贵，但有些人却在生死抉择时舍弃自己的生命去追求更高尚的，在他们看来更可贵的东西是爱情、正义、他人的生命……正是这一次次心灵的选择洗掉了人类这个物种因物欲而蒙上的恶名，铸就了你坚韧而又脱俗的性格，塑造了你高贵而又圣洁的灵魂，堆砌了你生命的一段段高度。

贫穷的富翁

他自己却没有轿车，没有豪宅，没有太多的积蓄，同事和商业伙伴戏称他为“贫穷的富翁”，而他却说自己是天底下“最快乐的富翁”。

在中国西部的小城镇里有一位穷困的年轻人。年轻人在伯父家开的一家百货商店里当售货员——工作枯燥无味，收入很低。但年轻人依然十分珍视这份工作，很热心地帮助所有顾客。

一天，一个妇女买酱油时多付了几毛钱，年轻人步行了10多里路赶上那位妇女退还了这几毛钱；又有一次，年轻人发觉给一个女顾客少拿了一包盐，他又跑了很多里路给她补上。

年轻人业余时还替人劈栅栏木条挣零花钱。一个寒冷的早晨，他走出家门时，看见一个年轻的邻居用破布裹着光脚，正在劈一堆从旧羊栏拆下来的木料，说是想挣一块钱去买双鞋。他便让那青年回到屋里去暖暖脚。过了一阵子，他把斧子还给了那个青年，告诉说木柴已经劈好，可以去卖钱买鞋了——而他此时却已经满头大汗。

后来年轻人经过努力学习，获得了一份土地测量员的差事。有一次，他在测量一条道路设计轨道时，故意把一条本可以笔直的街道设计成为稍微弯的，是为了保全一个穷苦的孤儿寡母家庭的住房。如果把街道建成直的，这可怜的一家人岂不要露宿街头了。

后来，这位年轻人在35岁成了一家房地产公司的总经理。他已经成为一位有钱人了，然而他却不忘自己的贫苦的父老乡亲，一次次为家乡投资修路，为孤寡老人建养老院，为失学儿童提供资助……

他始终以一副热心肠来帮助身边的人，虽然是一位鼎鼎大名的房产公

司经理，但他自己却没有轿车，没有豪宅，没有太多的积蓄，同事和商业伙伴戏称他为“贫穷的富翁”，而他却说自己是天底下“最快乐的富翁”。

（佚名）

过路客

我为他们祷告完，抬起头来。感激与谅解的表情出现在他们脸上，紧张的气氛已经消失，我拥抱两人，又因他们回赠的拥抱感到欢欣。

几乎每天早上从客厅望出去都可以看见他，他成为我生活中的一部分。他背有点驼，有一只脚似乎是拖着走的，那是一只扭歪了的脚，脚测碰触地面的部分比脚底还多。我猜他已八十来岁，仅穿着一件法兰绒的衬衫。有一个下露的早上，我看见他呼出来的热气，我想他是否感到很冷。

一天早上，我在园子里工作，看见那老人正笑着弄乱过路小孩的头发。“现在不行动，恐怕没机会了。”我决定，于是鼓起勇气走过去介绍自己。他那淡蓝眼睛露出朝气，脸上再泛出微笑。这次是为了我。“我和内人来自瑞士，我们先到加拿大，再转到美国来，那是很多年前了，”他告诉我，“我们很努力地工作，直到存够钱买一个农场。我的英文说得不好，便暗中找些小孩子的读本来念，直到学会为止。”他笑着说。他望着铁丝网外面的小孩，脸色变得凝重起来。“我们没有孩子。”

那天我静思他的话，深为其孤单的声音所感动，想到他故乡所剩无几的亲友，他们不仅被地理阻隔，更是被不同的世界和时代所隔绝。“我妻子的身体不太好。”他回答说。

我想尽快给他点帮助，跟他交朋友，但这样主动着实有点冒昧，还是客气些较好。我指着自己的房子说：“欢迎您散步时，随时过来喝杯咖啡。”我提建议，由他自己作决定。

此后就没见过他，却常常想起他。他是否身体不适，以至出门不方便？是否他妻子的健康突然恶化？我连他的名字和住处都不知道，我为自己的不当言行感到惭愧，这种交朋友的方式真有些不恰当。

几个月后我又见到了他。有一天我外出办事，在离家步行一刻钟的时候遇见他，又看到那熟悉的摇摆破行。他走得很慢，但背弯腰，其中一只脚扭曲得脚跟都露在鞋子外面，他那苍白的脸孔比我记忆中要还削瘦，但他的眼睛仍然闪亮。当我重新介绍自己时，他露出微笑。我才知道他名叫保罗。

“我不像过去走那么远了，”他解释说，“我的妻子，我不能离开她太久，她的头脑已经不行了，”他手摸前额，作出一副受苦的表情，“她会忘记事情。”他指着街对面的一栋绿白颜色的水造房子说：“要不要进去看看我画的画。”

“我正要到车库取车子，”我遗憾地说，“改天我会很乐意去参观的。”

“那你今晚可以来吗？”他满怀希望地说。

“唤，好的，我今晚来。”我说。

从潮湿的机树叶散发出的味道，弥漫在寒冷的、阴郁的傍晚空气中，保罗企盼地站在窗户前面。当门打开时，他穿戴整齐地迎接我。他的妻子瘦长而脆弱，从厨房走出来，白色的头发，放在后面。“请进，请进。”她招呼说，带着她那个时代的人温文的微笑，然后伸出一只历经沧桑的柔软的手。

“这位，是我的妻子相德，我们结婚已有56年了。”他站直身子说。

那天晚上我参观了保罗的钢笔画，我们逐个房间观看，有的被安置在朴素的画架上，也有些放在抽屉里。他画了一些名人、风景和别的让他感到有趣的东西，每幅画都有一个故事。

但最让人印象深刻的残酷事实，就是像他那样有才华的人，在当时的时代是被忽略的，“靠这些不能谋生，”他的父亲曾告诉他，“你若是一直画下

去，将来会一事无成。”他母亲在他九岁时便过世，他还记得每当母亲发现他手拿纸笔作画时，怎样用棍子狠狠打着他的头说：“做些有用的事，不要浪费时间。”

柏德走进厨房，想找些什么招待客人。“真希望拿些饼干给您吃，可惜我不能像从前那样做菜了。”

“我吃不下，刚刚才吃过晚饭。”我说。

他们的晚餐是救济中心送来的，每周三天。“我们吃不下那么多，总是留些明天才吃，除了星期一我们试着自己煮。”

他们邀我多留一会儿，我们坐下来聊，房间里充满了人性的尊严。

第二个星期一，保罗出来应门，他的眼睛看着我手中的托盘。他喜欢我去看他们，但那樵淬焦躁的神情告诉我，那时候他正在生气。柏德苍白而狼狈，赶忙打点自己。“我们今天不太舒服，我的头脑有问题，记不清楚。”她双手往上一扬，“我也搞不懂……。大概年纪太大了吧！

他们带我走进厨房，罐头食物撒落在炉子上面。

保罗的手一面发抖，一面指给我看他煮饭时在衬衫上弄穿的破洞。

原来的怒气，因我的拜访而止息，但伤害已造成，他把手放在额头上叹息，想要恢复平静。“有时候她就是让我生气。”他说，同时在桌子上摆放餐具，预备吃我拿来的午餐。

柏德仍然烦躁不安，想要找出她不再需要的小汤匙，我感到心痛。

老年的脆弱、易怒。挫折、限制和恐惧，那天早上已带给他俩太多难堪。有感于他们的需要，我伸手握住柏德发抖的手。

“我们坐下来祷告好吗?”我说。

“哦，”柏德说，“我们很需要。”

保罗在沙发旁的椅子上坐下来，加入祷告。

我为他们祷告完，拾起头来。感激与谅解的表情出现在他们脸上，紧张的气氛已经消失，我拥抱两人，又因他们回赠的拥抱感到欢欣。

“你对我们太好了。”保罗说，他一面走进餐厅一面说，接着妻子拉出一张椅子。

不，我想，神对我才是太好了。他容许我分享这一刻，这是他感动两个

他十分关爱的人的时刻，我在这过程中何等蒙福。我很想做他们的朋友，而他让我心中的愿望成真。

（佚名）

爱的赎价

“成交吧。”耶稣无惧地回答。然后，他就付出了这赎价——这爱的赎价，祂付出了他的鲜血、眼泪和祂的全部生命。

在新英格兰的一个小镇上，有一位名叫乔治·托马斯的牧师。复活节的早晨，托马斯牧师到教堂去主持礼拜的时候，手里提着一个破旧的、锈迹班驳的鸟笼。他走上圣坛，把鸟笼放在讲台上，教堂里的弟兄姊妹们都愕然了。这时，托马斯牧师缓缓开口讲了他昨天的经历。

昨天他穿过镇子的时候，迎面碰上个小男孩，手中就晃荡着这个鸟笼。几只小鸟瑟缩在笼子里，寒冷和恐惧使它们全身都在颤抖。他拦住那个男孩问道：“孩子，你手里拿的是什么呀？”

“只不过是几只上了年纪的野鸟。”男孩回答说。

“那你要把它们怎么样呢？”牧师又问。

“带回家去找点乐子。”他说，“我要好好折腾它们，把它们弄得筋疲力尽，再一根根地拔掉它们的羽毛。我想这一定挺有意思。”

“但你迟早会玩儿厌了的，那时你又要怎么处理这些小鸟呢？”

“啊，我养了几只猫。”男孩子怪笑着说，“它们可喜欢小鸟了。”

托马斯牧师沉默片刻，忽然说道：“我想买下这些小鸟，你开个价吧，孩子。”

“什么？”男孩子简直不敢相信自己的耳朵，“得了吧，牧师，您不会喜

欢这些鸟的，它们只是些普普通通的野鸟，又老又笨又难看，叫声也不好听。”

“开个价吧。”牧师又重复了一遍。

男孩子怀疑地打量着牧师，似乎在琢磨着他是不是疯了，“10美元，怎么样?”

牧师立刻从衣袋里掏出一张10美元的钞票递给他，男孩子扔下鸟笼兴冲冲地跑了。牧师小心翼翼地提起笼子，向街心公园走去——那里有一棵大树，树下是绿茵茵的草坪。

他把鸟笼放在草坪上，打开笼门，轻轻地拍着栅栏，柔声哄出笼中的小鸟，把它们放飞了。

这就是鸟笼的由来。

然后，托马斯牧师又讲了另一个故事：

有一天，耶稣碰上了刚刚从伊甸园回来的撒旦。那魔鬼手中拎着一个以罪和死为栅栏的笼子，幸灾乐祸地狂笑道：“看哪，我把全世界的人都抓进这个笼子了！这些人都经不起我的试探和引诱，统统掉进了陷阱！整个儿世界的人都掉进去了!”

“那你要把他们怎么样呢?”耶稣问道。

“拿他们找点乐子啊！我要教他们怎样玩弄感情、背信弃义，怎样纵情声色、沉沦堕落，怎样彼此诋毁侮辱，怎样相互仇恨；我还要教他们如何制造和发明各种致命的武器，训练他们互相残杀——这该多有意思啊!”

“然后呢?”耶稣又问。

“啊哈!”撒但狂傲地瞥了他一眼，“然后就把他们都杀掉!”

“我要买下这些人，你开个价吧。”耶稣平静地说。

“得了吧！你不会喜欢这些人的，他们都坏透了，简直是十恶不赦，而且全都忘恩负义，你救他们，得到的报答只会是他们的仇恨！他们会对您你施尽凌辱唾骂，还会把你钉死在十字架上的！没有谁会愿意救赎这样的罪人!”撒但嘲笑道。

“开个价吧。”耶稣仍旧平静地重复道。

撒但的脸上露出阴森森的冷笑：“他们的赎价就是你的鲜血、眼泪和你

的全部生命，怎么样?”

“成交吧。”耶稣无惧地回答。

然后，祂就付出了这赎价——这爱的赎价，他付出了他的鲜血、眼泪和祂的全部生命。

托马斯牧师讲完这个故事，没有再说什么。他提起那个鸟笼，默默地走下了圣坛。

（佚名）

悔恨的眼泪

直到他晚年的时候，他的曾孙才在一个盖子上写有波恩的铁盒中，发现了一枚写着“纳粹”的铁十字。奎诺终于知道当年的那件事，错的那个竟然是自己，流下了悔恨的眼泪。

1945年，在法西斯部队里有一对好朋友，一个是白人，叫奎诺；一个是黑人，叫托尼。一天，他们的上司——法国军官希尔顿派他们去侵略波恩城，而突袭队的任务除了打开波恩的大门外，还必须攻下一个位于市郊的陆军军官学校。而希尔顿要求更加残忍，他要求每个突袭队员都必须缴获一个铁十字勋章，否则就要遭受鞭刑。

突袭很快就结束了，士兵们开始疯狂地寻找十字架。幸运的是，奎诺很快就找到了铁十字，经过学院后花园的时候，他抓了一把泥土装进了随身带着的一个铁盒里，那是他的一种特殊嗜好，每到一个地方就收集一把这个地方的土壤。这时，托尼跑了过来，告诉他希尔顿已经到了。

两个人于是来到了大厅里，每个人都在谈论手里的铁十字，奎诺也自然伸手去掏它，然而囊中除了土壤外竟无别物。奎诺顿时陷入了恐怖之中，一

定是托尼偷了去，刚才他只接触过一个人。奎诺立刻当场质问起托尼来，其他人也断定是托尼所为。然而托尼却说他根本没有做过，他委屈地走到奎诺的面前，满眼含着泪花地问到：“兄弟，你也认为是我偷的吗?”奎诺严肃地点了点头。

托尼失望地低下了头，掏出了兜里的铁十字递给奎诺，并接受了鞭刑。两个星期过去了，托尼浑身如鳞的鞭伤基本痊愈，但在这两个星期里，无人问津他的伤情，没有人关心他，奎诺也不例外。

大约又过了两个月的时间，奎诺负责看守军火库，他在黄昏的灯光下昏昏欲睡，忽然，一声巨响，接着他被砸晕了。等他醒来的时候，发现自己躺在病榻上。战友告诉他，哪天是托尼的巡查哨，纳粹残余分子企图炸毁联军的军火库，托尼知道库中的人是奎诺，他用身体抱住了炸药，减小了爆炸力，使军火毫发无伤，托尼自己却永远离开了人世。

托尼去世之后，奎诺虽然很感恩，但他总以为托尼是为了弥补当年的过错才舍身相救的。直到他晚年的时候，他的曾孙才在一个盖子上写有波恩的铁盒中，发现了一枚写着“纳粹”的铁十字。奎诺终于知道当年的那件事，错的那个竟然是自己，流下了悔恨的眼泪。

（佚名）

小木人的故事

卫迷刻很崇拜露西亚身上竟然没有点点，于是他们给她一颗星星。但是星星从她身上掉了下来。有些卫迷刻见她身上没有星星，就给她贴了一个点点，可是点点也掉了下来。

卫迷刻是一群小木人，木匠义来亲手制作了他们。

每一个卫迷刻都长得不一样。有些鼻子长得高高的，有些眼睛长得大大的。有些是高个子，有些矮个子。

每一个卫迷刻都有一盒金星和黑点点的贴纸。小木人们在村庄里走来走去，在彼此的身上贴上星星和点点。

美丽的小木人身上有许多星星。而那些粗木雕刻或涂刷不怎么漂亮的小木人们身上则有许多点点。

聪明的小木人身上也有许多星星。他们当中一些可以跳过高盒子，一些很会唱动听美妙的歌。

庞尼罗是其中的一个小木人。他努力象别的小木人一样跳得高高的，可是他总是跌倒。于是卫迷刻就会给他身上贴许多点点。当他尝试向他们解释为什么会摔倒，他总是说出些傻傻的话来，于是卫迷刻就会往他身上贴更多的点点。

“他只配许多点点，”木人们说。过了些时候，庞尼罗自已也信了他们。“我猜想我真不是一个好卫迷刻，”他想。于是大多数时候，他躲在家里。

后来他走出来，和那些身上好多点点的卫迷刻呆在一起。和他们一块儿他觉得心里好受多了。

一天他遇到了一个不一样的卫迷刻，名字叫露西亚。她身上既没点点也没有星星。

卫迷刻很崇拜露西亚身上竟然没有点点，于是他们给她一颗星星。但是星星从她身上掉了下来。有些卫迷刻见她身上没有星星，就给她贴了一个点点，可是点点也掉了下来。

庞尼罗想：这才是我想要的。于是他问露西亚，她是怎么办到的。

“很简单，”她回答，“每天我都去见那位雕木人义来。”

“为什么？”庞尼罗问。

“如果你去与他会面，你会知道的。”然后露西亚转身走开了。

“可是……他会想要见我吗？”庞尼罗琢磨。后来，在家里，他坐着观察木人们往彼此身上贴星星和点点，他自言自语：“这是不对的。然后，他决定去见义来。

庞尼罗走过一条窄路，进到义来的店里。他的眼睛立刻睁得大大的。立台几乎和他一样高，他得踮起脚尖才能看到义来的椅背。

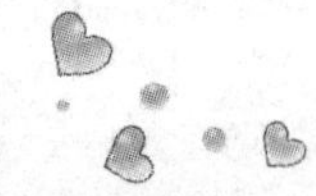

庞尼罗艰难地咽了咽口水。”我不能再留在这里了。”然后他突然听见有人喊他的名字。“庞尼罗?”这声音又深沉又坚定。“见到你太好了。来，让我好好看一看你。”

庞尼罗仰起脸来，“你知道我的名字吗?”

“当然。是我造了你。”

义来把他抱起来，将他放在椅子上。“看来你身上似乎有许多缺点”雕木人说道。

庞尼罗急忙说：“我不是故意要这样的。我真的尽了力。”

“庞尼罗，我不在意别的卫迷刻怎么看你。”

“真的吗?”

“不，你也不应该在意。他们怎么看你，不重要。重要的是，我怎么看你。我认为你很特别。”

庞尼罗禁不住笑起来。“我，特别?为什么?我既不聪明，我身上的漆也快掉没了。我对你来说有什么重要的?

义来缓缓地说：“因为你是我的。这就是为什么你对我来说很重要。”

庞尼罗此时不晓得说什么是好。义来接着说：“每一天，我都在希望你会来见我。”

“我来是因为我遇见了露西亚。”庞尼罗说，“为什么那些贴纸在她的身上贴不住呢?

雕木人温柔地回答道：“因为她决定，我如何看她比其他人更重要。只要当你允许那些贴纸留在你身上，它们才会贴住你。”

“什么?!”

“如果那些贴纸对你来说很重要，它们就会贴住你。你越相信我对你的爱，你就越不会在意那些贴纸。”

庞尼罗回答：“我不确定我明白你所说的。”

义来微笑起来，说：“你会的，不过这需要一些时间。从现在开始，每天来看我，让我来提醒你我多在意你。”

义来将庞尼罗从椅子上抱起来，将他放回地上。

庞尼罗离开的时候，义来说：“记住，你是特别的，因为我造了你。我

不会有错。”

庞尼罗没有挺下脚步，但是他在心里想：“嗯，我认为他真是这样。”

当他这么想的时候，一个个点点就从他身上掉了下来，落在了地板上。

（佚名）

宽恕的力量

十年来的风风雨雨在眼前飘然而过，十年来在光明中行走、在爱中生活的甘甜溢满心头。照片里安妮静静地微笑，似乎说，这信其实也是写给你的。

那是九一年的秋天。万圣节刚过，天灰蒙蒙的。星期五早晨，我紧跑几步赶上校车，见到住在三楼的山林华坐在靠门的长条座位上。“嗨，还好吗？”我在他身边坐下。“挺好的。我的岳父来了。我们刚从伊州香槟大学回来。下午系里有Seminar（研讨会）。”小山答道。小山是学校里的知名人物。博士资格考试时成绩之好，让遥遥落后的美国同学汗颜。体育也棒，足球场上的骁将。平时又乐于助人，还是前一届的学生会主席。最近好事盈门。论文获奖，又在本校物理系找到工作。一下子跳出学生之列，成了研究员（ResearchInvestigator）。小山的今天，就是我的明天。我为他高兴，也在心里为自己鼓劲。

下午，我在校行政大楼外等车。凉风一阵紧似一阵，空中开始飘起了初冬的雪。突然，两辆警车飞驰而来，嘎然停在楼前。警察跃出车门，曲臂举枪在脸颊。一边一个，直扑楼门。先侧身窥探，猛地拉开门冲进去。这场景与世外桃源般的小城构成极大的反差。我心里疑惑，这是拍电影吗？

刚到家电话就响了，好朋友祖峰打来的。

“物理系有人打抢！”

“什么！是谁？”

“不清楚。有人死了！”

“啊！------”

我不敢相信这是真的。电话铃不停地响。我家成了学生会的信息中心和会议室。一连串的坏消息构织出了惊心动魄的一幕：

三点三十分，物理系凡艾伦大楼309教室。山林华和导师克利斯多弗·高尔兹（ChristophGoertz）教授，另一位教授罗伯特·施密斯（RobertSmith）及新生小李等许多人在开研讨会。突然，山林华的师兄，中国留学生卢刚站起身，从风衣口袋里掏出枪来，向高尔兹、山林华和施密斯射击。一时间血溅课堂。接着他去二楼射杀了系主任，又回三楼补枪。旋即奔向校行政大楼。在那里他把子弹射向副校长安妮和她的助手茜尔森，最后饮弹自戕。

我们惊呆了。妻子握着听筒的手在颤抖，泪水无声地从脸颊流下。小山，那年轻充满活力的小山，已经离我而去了吗？黑暗中，死神的面孔狰狞恐怖。

谁是卢刚？为什么杀人？翻开我新近编录的学生会名册，找不到这个名字。别人告诉我，他是北大来的，学习特好。但两年前与系里的中国学生闹翻了，离群索居，独往独来，再后就没什么人知道他了。听说他与导师颇有嫌隙，与山林华面和心不和，找工作不顺利，为了优秀论文评奖的事与校方和系里多有争执。是报仇，是泄愤？是伸张正义，是滥杀无辜？众口纷纭，莫衷一是。

枪击血案震惊全国。小城的中国学生被惊恐、哀伤、慌乱的气氛笼罩。血案折射出的首先是仇恨。物理界精英，全国有名的实验室，几分钟内形消魂散，撇下一群孤儿寡母。人家能不恨中国人吗？留学生还待得下去吗？中国学生怕上街，不敢独自去超市。有的人甚至把值钱一点的东西都放在车后箱里，准备一旦有排华暴动，就驾车远逃。

一夜难眠。该怎么办？大家聚在我家，商量来商量去，决定由物理系小雪、小季、小安和金根面对媒体，开记者招待会。实况转播的记者招待会上，他们追思老师和朋友。讲着，回忆着，眼泪止不住地流下来。看的、听的，心里都被触动

了。一位老美清洁工打电话给校留学生办公室主任说，“我本来挺恨这些中国人！凭什么拿了我们的奖学金，有书读，还杀我们的教授！看了招待会转播，我心里变了。他们是和我们一样的人。请告诉我，我能帮他们做点什么？”

从危机中透出一线转机。学生会又召开中国学生学者大会。教育系的同学不约而同地谈起了副校长安妮。安妮是教育学院的教授，也是许多中国学生的导师。她是传教士的女儿，生在中国。无儿无女的安妮，待中国学生如同自己的孩子。学业上谆谆教导，生活上体贴照顾。感恩节、圣诞节请同学们到家里作客，美食招待，还精心准备礼物------千不该，万不该呀！不该把枪口对向她！同学们为安妮心痛流泪。

安妮在医院里急救，她的三个兄弟弗兰克、麦克和保罗，火速从各地赶来，守护在病床前。人们还存着一丝希望。两天后，噩耗传来。我面对着安妮生前的密友玛格瑞特教授，说不出话来。她脸色严峻，强压心中的哀痛，手里递过来一封信，同时告诉我，安妮的脑已经死亡，无法抢救。三兄弟忍痛同意撤掉一切维生设备。看着自己的亲人呼吸一点点弱下去，心跳渐渐停止而无法相救，这是多么残酷的折磨！在宣布安妮死亡后，三兄弟围拥在一起祷告，并写下了这封信。这是一封写给卢刚父母亲友的信。信里的字句跳到我的眼里：

“我们刚刚经历了这突如其来的巨大悲痛------在我们伤痛缅怀安妮的时刻，我们的思绪和祈祷一起飞向你们——卢刚的家人，因为你们也在经历同样的震惊与哀哭……安妮信仰爱与宽恕，我们想要对你们说，在这艰难的时刻，我们的祷告和爱与你们同在……”

字在晃动，我读不下去了。这是一封被害人家属写给凶手家人的信吗？这是天使般的话语，没有一丝一毫的仇恨。我向玛格瑞特教授讲述我心里的震撼。接着问她怎么可以是这样？难道不该恨凶手吗？公平在哪里？道义在哪里？他们三兄弟此刻最有理由说咒诅的言语呀。教授伸出手来止住我，“这是因为我们的信仰。这信仰中爱是高于一切的。宽恕远胜过复仇！”

她接着告诉我，安妮的三兄弟希望这封信被译成中文，附在卢刚的骨灰盒

上。他们担心因为卢刚是凶手而使家人受歧视,也担心卢刚的父母在接过儿子的骨灰时会过度悲伤。唯愿这信能安慰他们的心,愿爱抚平他们心中的伤痛。

我哑然无语。心中的震撼超过了起初。刹那间，三十多年建立起来的价值观、人生观，似乎从根本上被摇动了。

难道不应“对敌人严冬般冷酷无情”吗？难道不是“人与人的关系是阶级关系”吗？难道“站稳立场，明辨是非，旗帜鲜明，勇于斗争”不应是我们行事为人的原则吗？我所面对的这种“无缘无故的爱”，是这样的鲜明真实，我却无法解释。我依稀看到一扇微开的门，门那边另有一番天地，门缝中射出一束明光……

“我们的信仰”——这是一种什么样的信仰啊，竟让冤仇成恩友！

还来不及多想玛格瑞特的信仰，卢刚给他家人的最后一封信也传到了我手上。一颗被地狱之火煎熬着的心写出的信，充满了咒诅和仇恨。信中写到他“无论如何也咽不下这口气”、“死也找到几个垫背的”，读起来脊背上感到一阵阵凉意，驱之不去。可惜啊，如此聪明有才华的人，如此思考缜密的科学家头脑，竟在仇恨中选择了毁灭自己和毁灭别人！这两封信是如此的爱恨对立，泾渭分明。我还不知道爱究竟有多大的力量，毕竟左轮枪和十几发仇恨射出的子弹是血肉之躯无法抵挡的啊！

转天是安妮的追思礼拜和葬礼。一种负疚感让多数中国学生学者都来参加。大家相对无语，神色黯然。没想到我平生第一次参加葬礼，竟是美国人的，还在教堂里。更想不到的是，葬礼上没有黑幔，没有白纱。十字架庄重地悬在高处。讲台前鲜花似锦，簇拥着安妮的遗像。管风琴托起的歌声在空中悠悠回荡：AmazingGrace，HowSweettheSound（奇异恩典，何等甘甜）------人们向我伸手祝福：“愿上帝的平安与你同在。”牧师说：“如果我们让仇恨笼罩这个会场，安妮的在天之灵是不会原谅我们的。”安妮的邻居、同事和亲友们一个个走上台来，讲述安妮爱神爱人的往事。无尽的思念却又伴着无尽的欣慰与盼望：说安妮息了地上的劳苦，安稳在天父的怀抱，我们为她感恩为她高兴！

礼拜后的招待会上，三兄弟穿梭在中国学生中间。他们明白中国人心中的重担，便努力与每个中国学生握手交谈。如沐春风的笑容，流露出心中真诚的爱。许多女生哭了。我的“黑手党”朋友，高大的男子汉也在流泪。爱的涓流从手上到心里，泪水的脸上绽出微笑。哦，这样的生，这样的死，这样的喜乐，这样的盼望，怎不让我心里向往！大哥弗兰克握着我的手说，“你知道吗？我出生在上海，中国是我的故乡。”泪水模糊了我的眼睛，心里却异常温暖。突然发现脊背上的凉意没有了。心里的重负放下了。一种光明美好的感觉进入了我的心。

感谢上帝！他在那一刻改变了我，我以往那与神隔绝的灵在爱中苏醒。我渴望像安妮和她的三兄弟一样，在爱中、在光明中走过自己的一生，在面对死亡时仍存盼望和喜悦。

笼罩爱城的阴云散去，善后工作在宽容详和的气氛中进行。不仅小山的家人得到妥善安置，卢刚的殡仪亦安排周详。安妮三兄弟把她的遗产捐赠给学校，设立了一个国际学生心理学研究奖学金。案发四天后才从总领馆姗姗而来的李领事感慨道：“我本是准备来与校方谈判的。没想到已经全都处理好了！”冥冥中一双奇妙的手，将爱城从仇恨的路上拉回。

离开爱城多年了，常常思念她，像是思念故乡。在爱城，我的灵魂苏醒、重生，一家人蒙恩得救。她是我灵里的故乡，与耶稣基督初次相遇的地方。爱城后来有了一条以安妮命名的小径。因她设立的奖学金名牌上，已经刻上了许多中国人的名字。友人捎来一张爱城日报，是枪击事件十周年那天的。标题写着“纪念十年前的逝者”。安妮、山林华的照片都在上面。急急找来安妮三兄弟写给卢刚家人的信的复印件，放在一起，慢慢品读。十年来的风风雨雨在眼前飘然而过，十年来在光明中行走、在爱中生活的甘甜溢满心头。照片里安妮静静地微笑，似乎说，这信其实也是写给你的。

是的，我收到了。这源远流长的爱的故事，会接着传下去。

（佚名）

有爱的地方就有上帝

他万万没有想到有一天自己也可以成为别人眼里的“上帝”，他突然觉得是那孩子天真的眼神点燃了自己内心的那盏灯，向善的灯。

暴风雨又肆虐了一夜。

墨西哥某个偏僻的山村里，有位女士临产——情况十分危急。然而女士的丈夫却不在他身边。女士身边只有一个不谙世事的小男孩。

情况万般危急，女士忍痛报警。

这时候恶劣的天气已经造成洪灾、泥石流，救护车和救灾人员已经全部出动了。留守的警员只好打电话到女士附近的社区卫生服务站，请求站长的协助。

站长是一个仁慈的人，他马上答应，并且亲自驾车到那女士家把她送到医院，因为抢救及时，难产的女士顺利生下一名男婴，最终母子平安。

这时，站长才想起孕妇家里还有一个儿子，必须立即去把他接走，便用手机给服务站的一位最不热心但也是最后一个还没有出动的“落后分子”打了电话，希望他能去救助那位受困的小男孩。站长言辞激烈，“落后分子”只得出动了。

那位“硬心肠”的社区服务站员工很不情愿地从被窝里钻出，懒洋洋地驾车到了小男孩的家。他一路上咒骂着鬼天气和“冷酷”的站长。但总算找到了小男孩的家，把小男孩抱上了车。惊恐的小男孩上了车后，一直盯着那个社区服务站员工，突然小男孩轻声问道：“先生，你是上帝吗？”

“落后分子”被突如其来的问话弄得莫名其妙，站员心里想：这小家伙受了惊吓精神出了问题？随口问道：“小家伙，为什么说我是上帝？”

小男孩回答道：“我妈妈要出门时，告诉我要勇敢地呆在家里。她说，这个时候只有上帝可以救我们。”小男孩说话的时候，目光很坚定。

这位“落后分子”听了这话，脸一下子红了，感到非常惭愧。他慢慢地用手摸了摸孩子的头，温柔地对小男孩说：“我不是上帝，但我认识上帝！”他万万没有想到有一天自己也可以成为别人眼里的“上帝”，他突然觉得是那孩子天真的眼神点燃了自己内心的那盏灯，向善的灯。

“你认识上帝，他住在什么地方？”小男孩追问道。

“恩，上帝嘛，他就在我们身边——有爱的地方，上帝无处不在。”社区服务站站员幽幽地答道。

（佚名）

这是不是爱

他们却说，不晓得自己曾为对方所做的是不是爱，够不够爱的标准，总觉得对方对自己的爱太深了，难以弥补，留在记忆中的是对方的好，忘记的是自己的付出。

曾经有这样一个故事：一天，在教堂里面与往常一样正在举行一次平凡的婚礼。牧师带上老花镜习惯性地开始了那句每个婚礼都不可或缺的问话：

“莫里斯先生，您爱您的新娘子吗”？

“我……我不能肯定。”新郎莫里斯迟疑地说。

他的回答让在场的所有亲朋好友都为之震惊。

过了片刻新郎自己打破了宁静，他说：

“我不知道自己爱不爱她，我只知道她在全心全意地爱着我，而我对她一直抱着一种无与伦比的依恋之情。从见到她的第一面起，我就知道，我的余生要与她拴在一起了……我不能想象真要失去她我的生活会

变成什么样子。我仍然清楚地记得我们大学刚毕业时同甘共苦地度过的那些日子，我带着外出找工作未得的一身疲惫与沮丧回来时，她会端出仅剩的一块面包，并撒谎她已吃过而让我独享；当然我也记得自己没有钱给她买高档的服装与昂贵的手饰，她却穿着破旧的衣服安之若素；她背着我出去给饭店端盘子洗碗，回家来却仍强撑笑颜骗我在富人家里找到了家教的清闲工作。我只知道我将因她对我所赐的一切恩惠而感激她，我只知道我将用我的后辈子去为了她而努力奋斗……让她不必再次忍耐那些我们曾经为之忍气吞声过的呵斥与白眼。我不知道我的这种情感相比她的来说有没有资格叫做……所以我说我只知道她爱我，并不知道我是否是在爱着她。"

所有的人都沉默着。端庄文静的新娘眼里蕴含着晶莹、幸福的泪花。

这次是牧师打破了沉寂，他的脸慢慢地转向新娘：

"尊贵的小姐，请问，您爱莫里斯先生吗？"

"我……我也不知道"

她清了一下喉，继续说下去，

"我只知道他爱我。虽然他不能给我买汽车、别墅和高档服饰，而我到目前为止的渴望仍只是过上衣食无忧的生活，但他在我心中仍是最能干最无可替代的。我们没有汽车代步，但我们一起背着背包郊游却让我感觉快乐如在天堂……我知道现在我们仍然很穷，但我记得去年情人节时，他将一枝红玫瑰递给我时的那副又得意又调皮的神情，可又有谁知道，就为了买到花店里这最后一枝处理的玫瑰，他捏着仅有的50美分在店外的寒风中整整站了两个小时。我们是很穷，但我们有纯真的感情在，我相信凭他的才干，我们终有一天会过上幸福的生活。我将为了让他成功而奉上自己的一切。我也不知道这是不是一种爱，我不知道用'爱'这个词来表达这种情感还够不够。"

新娘说完已是泪流满面，教堂再次静下来。

人们都以一种敬佩与祝福的眼光注视着这对患难与共的夫妻，默默地在心里为他们祈祷，祝愿他们恩恩爱爱、白头到老。新郎与新娘明明是在深深地爱着对方，为对方奉献着自己的一切，然而，他们却说，不晓得自己曾为

对方所做的是不是爱，够不够爱的标准，总觉得对方对自己的爱太深了，难以弥补，留在记忆中的是对方的好，忘记的是自己的付出。

正如圣经有一句话说，“爱情，众水不能息灭，大水不能淹没”。

（佚名）

母亲的信仰

矮小、驼背、灰头巾，盘腿坐在那里，手里捏着针线，静静的，忘了病痛，有时候抬头笑一笑，颇像一个观音。

这几年，母亲过生日，会有一些不认识的人上门为她祝寿。这些人，有信佛的，有信基督的，还有什么也不信的。他们除了信自己的神，还信面前这个驼背的矮小的戴灰色头巾的不识字的农村老太太。我常常想，我的母亲，有什么神奇的力量，叫这些没有血缘关系的人在心灵上归顺于她？

我小时候，觉得母亲不是特别爱我，甚至还怀疑过自己是后娘生的。因为我手里要是有一点点好吃的东西，这时候有个没娘的孩子跑过来，盯着那东西狠瞅，而母亲正巧又在旁边，我就知道我的权力不保了：母亲一定会叫我分给那个小孩子至少一半。一开始我是不情愿的，母亲说，“你饿，他也饿。——你还有娘，他没娘。”既然他也饿，又没娘，我势不能独吞。

所以我吃东西的时候，很害怕那些没娘的孩子突然冒出来。幸亏我们村这种情况不多，只有五六个。他们不是母亲生的，但是在我家餐桌上的权利，和我一样大，我喝稀的，他们也喝稀的；我吃稠的，他们自然也吃稠的。

我还很害怕穷人，我们家本来就很穷，但是还有比我们更穷的。他们一

来，母亲就坐不住了，她总得找点东西给人家，南瓜条啦，干菜啦，土豆啦，“穷帮穷，”这是母亲的信条，“总不能叫人家空着手回去吧。”好像我们家是一座宝山金库。

我还很害怕鳏寡孤独。一见了这些人，母亲的腿就走不动了。她和孤儿寡妇、家有不孝儿女的老人、病人、甚至傻子瘫子要饭的简直是一大家族。她陪着他们一块儿抹眼泪、叹气，替他们想办法、出主意。我记事的时候，她四十多岁，高大、强壮、能说能干，是很有点办法的。

脏，臭，口齿不清，智力低下。“这些人不是人渣吗。”有一会，一个要饭的疯女人刚被家人从我们家领走，我实在忍受不了心中厌恶，对母亲抱怨。母亲挥手“啪”的给了我一个耳光。这是母亲第一次也是唯一一次打我，所以我记得很清楚。我还记得母亲当时说的话：“这人和你一样，也是爹生娘养的，饿了，肚子也会难受；冬天没衣服穿，也会冷；你打她，她也会疼。你试试，你试试！”她哭了。她是什么事儿也爱哭。这一巴掌，把我打得从此变了一个人。

需要帮助的人，总是那么多。母亲觉得自己没本事，深感痛苦。她拜过菩萨，她说菩萨有一千双手，一千双眼睛，是“千处祈求千处应”的。母亲跪下去的时候，我站在旁边，觉得她可笑又可怜。菩萨高高在上，管你这事儿么？

多少年后，我做了志愿者。参加慈善会的资助孤儿的活动，周末还坐公交去桥西“弘德家园”，给那里的孩子们辅导过功课，这事儿叫母亲很高兴。她在电话里连连说“真是我的好闺女，你真是我的好闺女！”从小到大，母亲还没有这么夸奖过我呢。

母亲60岁那年，突然想起做生意。她不识字，能做什么生意？被褥枕头罢了。这是她的拿手活。退休的父亲骑着三轮带着她，到附近集市上买来布和针线，约了几个婶子大娘，做出来的活放在二姐的家具店里，摆在最显眼的位置。建筑工地上的打工仔特别喜欢母亲做的被褥，里面装的都是好棉花，又软和又舒服。

她一辈子没赚过这么多钱，一边数一边掉眼泪。那年发大水，各公家单位都捐被褥，市场上的被褥一时脱销，价钱直线上升，母亲坚持不涨价，这让来要货的人感觉奇怪。她把被褥做得更厚，因为她听说那些受灾的人没有

房子，睡在露天，被褥厚一些，可以当墙挡风寒。

她的小被服厂开了3年，买了席梦思床新家具沙发电器，像结婚的洞房一样新簇簇，一应俱全。村子里无依无靠的老太太们喜欢来她的屋子里坐着喝茶聊天。在冬天，她的屋子炉火总是烧得很旺。

她老了，身体渐渐衰弱，时常自言自语，“老这么拖累儿女，活着有什么意思?”

为了叫她感到活着有意思，我回老家时带回一卡车旧衣服，是江浙一带捐献给河北佛教慈善功德会的，因为我说起老家的情况，他们就给了我这车衣服。母亲终于有事儿干了，而且是她最喜欢做的事儿，她和父亲整理收拾干净这些衣服，叠得整整齐齐，分成一包包，每天往外送，谁家需要什么，孩子多大了，谁家有生活不能自理的人，母亲清清楚楚。她从前做生意进货出货都是心算，从来不出错。这车衣服他们忙了一个秋天，送了十几个村子。父亲负责登记姓名，一个小本子密密麻麻记满了。这个帐本有两样用处：一、给那些捐赠者有个交待；二、受捐赠者建档案。

我把母亲说的最困难的几户拍了照片，带到石家庄，引起了一些善心人士的关注。其中有个叫信秀华的下岗女工看了，给我500块钱，说是一对离休夫妇托她转交的。到现在我也没见过那对离休夫妇。信女士叫我给“最需要的人”。做这事儿需要了解情况，我回老家只是吃顿饭的功夫，“像打了个闪”哪里了解那么详细？还是交给母亲去办，母亲说，500块钱，可把她给难住了，好几个晚上睡不着，比较来比较去，需要帮助的人太多了……

她患有腿疾，最近颇严重，渐渐坐在那里不能动，就把我们兄弟姊妹的旧衣，——送人也没人要的——用剪刀剪成均匀的碎片，再折叠出一个个小三角，针线拼接连缀起来，里面铺上一层丝棉，一个圆圆的柔软的座垫就成了，状似莲花，五彩缤纷，煞是好看。过年回家我们抢着坐这个莲花垫。

母亲笑了。好长时间，已经无人要求她做什么了。可一个做母亲的，多么渴望被人需要啊。

一个在电视台做主持的女友来，她是那种对美有嗜癖的女子，她欢喜地领受过母亲的赠品，回赠给母亲一个大包，里面包着的全是她的华美霓裳。

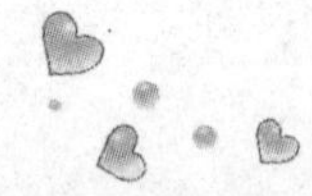

说是旧的，可一点看不出旧来，只是她自己穿腻了，剪碎真是太可惜，但送人却不合适，因为奇装异服居多。

母亲这回可有事儿干了。她就像一个织女，把这些还散发着主人衣香鬓影的彩云一块块裁开，按照颜色、质地、光泽度、厚度分门别类，摊在床铺上、窗台上、地板上，运用她的了不起直觉，细细拼接，不识字的人，审美感可一点不缺乏，再拼出来的莲花垫，明丽雅洁朴拙大方，颇有杨柳青、年画、民间剪纸三者兼备的味道。我们全家一致认为，经过捕捉灵感、酝酿构思、精心制作，第二批作品更漂亮，更有收藏价值。

母亲很高兴，想不到一个小小的座垫，还这么受人欢迎！我到街上的布店里批发了一堆碎布零头给母亲搞专业创作。很快，我家的沙发、小凳、地板上铺满了大大小小五颜六色的莲花垫。一进家，感觉彩云朵朵，好似天堂。

我们选出其中最好最美的莲花垫，寄赠给远方那些未曾谋面的人，那些和我们有着共同的信仰的人。

莲花渡水纹的，荷叶镶金边的，菱形花的，心形花的，节节藕的，甚至红桃方块形状的……母亲的快乐，是她亲手千针万线做的这些莲花垫，被更多的人喜欢、得到；母亲的信仰，是爱的信仰。

矮小、驼背、灰头巾，盘腿坐在那里，手里捏着针线，静静的，忘了病痛，有时候抬头笑一笑，颇像一个观音。

母亲今年76岁。

（佚名）

因为他是我的朋友

原来，那些孩子们都误解了医生的话，以为她要抽光一个人的血去救那个小女孩。一想到不久以后就要死了，所以小男孩才哭了出来。

越南战争的时候，一颗炸弹被扔进了一个孤儿院，有几个孩子受了伤，其中有一个小女孩流了许多血，伤得很重！

第二天，一个外籍医生赶到了这里，诊断这个小女孩儿的伤势。她伤得不重，但是失血过多，需要立即输血，由于医生今天并没有带这种血浆，所以决定就地取材，在孤儿院其他小朋友那里寻找血源。医生给在场的所有的人验了血，终于发现有6个孩子的血型和这个小女孩是一样的。

于是，这个外籍医生用不太熟练的越南语和蔼地告诉了这6个小朋友，说他们的朋友现在有危险，必须要相同血型的血来救她。孩子们好像听懂了医生的话，眼神中露出一丝恐惧，并没有人愿意站出来献血。

这可把医生急坏了，如果再没有血源，那个小女孩的性命就会有危险。医生又把话重复了一遍，并用手指了指躺在床上的小女孩儿。忽然，一只小手慢慢的举了起来，但是刚刚举到一半却又放下了，好一会儿又举了起来，再也没有放下了。

医生松了口气，立即把那个小男孩带到临时的手术室，让他躺在床上。小男孩僵直着躺在床上，看着针管慢慢的插入自己的细小的胳膊，看着自己的血液一点点的被抽走！眼泪不知不觉的就顺着脸颊流了下来。医生紧张的问是不是针管弄疼了他，他摇了摇头，但是眼泪还在流着。

这时，一个越南护士匆匆忙忙地赶来了，医生连忙向她求救。女护士于是低下身子，和床上的孩子交谈了一下，只见孩子竟然破涕为笑了。原来，那些孩子们都误解了医生的话，以为她要抽光一个人的血去救那个小女孩。一想到不久以后就要死了，所以小男孩才哭了出来。

然而，这就更令处籍医生震惊了，既然知道自己会死，那么那个小男孩儿为什么仍然愿意输血呢？女护士又用越南语问了一下小男孩，男孩儿并没做片刻的考虑，立即回答道："因为她是我最好的朋友！"

（佚名）

桥上那些人

我曾留意过他们的眼神，那是一种粗看漠然而迟缓的眼神，常常跟随着一辆汽车或自行车，被带到很远后才又收回，但实则又充满了期待。

有一段时间我上下班的时候，要经过一座桥。那原是一座老桥，后来经过改建，变得很宽，人行道上也足以跑开小汽车，所以，傍着两边桥栏的地方就常常被人占据，每天有三两人到七八人不等。他们或站或蹲，有的面放着一个小木牌子，写有"油漆"或"绷床垫"等字样;有的面前没有牌子，却会有一个包，敞着口，露出了锯子、斧子、凿子等工具。这是些零工，包里的工具也就是主人能做某种活计的招牌。

他们都是民工,来自周边的农村,会一点技术,在桥上等生意,这使拓宽后的桥像一个小型的劳务市场。他们的存在,对交通和市容都有些影响,曾有戴袖章的人来驱赶过他们几次,但效果不大,等"袖章"们一走,那上面马上就恢复了原样。

打零工的人有何种心态·我没打过，无法确知。但我以为，除了做活时需要付出的劳累，等活更是一种煎熬。在这来来往往从桥上走过的人里，你不知哪一个会成为主顾，也不知今天有没有生意。我曾留意过他们的眼神，那是一种粗看漠然而迟缓的眼神，常常跟随着一辆汽车或自行车，被带到很远后才又收回，但实则又充满了期待，你只要多看他们几眼，那漠然立时就会被激活,并迸出充满热切希望的灼人火星来。所以,我从桥上过的时候,对他们不敢多看,惟恐使他们在希望之后有更多的失望。桥上无所荫蔽,风大,冬天太冷,但即便在滴水成冰的时候,仍会有人在那儿坚持。但我终于要用到他们了。我家的地板坏了,找到装饰市场,发现卖我地板的那个商家已经消失了,没办法,只得找一个零工来修理。在桥上,我和他们中的一个谈了价格,领到家里来。

这是个长得有点矮瘦的中年人，干活很仔细，很卖力。我的地板坏在厨房里，由于雨季受潮的原因，胀了起来。他研究了一番，说是由于贴地脚线时不小心，水泥掉进了伸缩缝里，地板不得伸展所致。然后他趴在地上，用一根弯头的钢筋，一点一点掏伸缩缝里的水泥，很快汗流浃背，掏出的水泥末子粘在身上，很脏，使我感动。吃中饭的时候，我邀他一起吃，他不愿意，我说我也是农村来的，于是叙了叙，竟是一个县的老乡，他这才入座。边吃边谈，我才知道他叫扎根。他说，他去年跟一个建筑队干了一年，结果被骗，一分钱也没得到，所以，打零工虽然大部分时间没活干，赚得少些，却图个现钱，保险。他们干活时，也一般不敢吃雇主的饭，怕工钱打折扣。还最怕阴雨天，一下雨，那就注定没活干了。

和扎根打了交道后，我也不由留心起天气来。我注意到，今年雨水的确特别多。下雨的时候，桥上果然不再有人。民工们会在哪里呢下雨天，上班族的工资并不会缺少，但对民工来说无疑是灾难。“劳动着是幸福的”，不知是谁说过这样的名言，民工们未必知道它，但对此肯定有最深切的体会：酷寒和炎热的时候，能有一份工作让他们流着汗，那大约就是强过在桥上干熬的幸福了。

每次在雨中过桥，我都希望坏天气能尽快过去，民工的心中尽快晴朗起来。但我发现，没有雨的时候，民工的日子也不好过，时间已是盛夏，日头特别毒，他们灰色的影子落在被太阳晒得白花花的栏杆上时，仿佛划一根火柴就能点着。

不久,离大桥不远的地方,一片山坡被围墙圈了起来,要建一个居民小区,桥上的民王骤然多了起来,许多人衣服上总是带着泥水的渍痕,拍一拍就会掉下灰尘来。夏天里,他们裸露的肩膀和脊背是一层灰黑的油亮,像浅浅的夜的颜色。那是太阳曝晒的结果,强烈的光制造出的暗。每到晚上,他们中有不少人在桥上过

夜,在人行道上铺一张席子睡觉,图桥上风大,凉快,而且蚊子站不住脚。有时我早晨起来跑步,月光朦胧中,会看到有人到河坡上撒尿,或到水边洗脸,然后去工地,或回到桥上等活。我发现,桥上的人群里出现了一个少年,民工们都叫他小四。

小四看上去顶多十四五岁的样子,听扎根说,也是我们那个县的,初中还没毕业。他没有技术,只能到建筑工地做小工,装沙,运泥,搬运垃圾,劳动强度很大。我怜惜地想,他还是个孩子呀!是什么使他离开了学校,离开了亲人,过早地触摸了生活的沉重?

民工们也会有一点娱乐,那是在一天的工作结束后,他们会聚在桥头的路灯下面玩纸牌,发出尖叫和笑骂。这时候,附近楼上就会有人推开窗子朝他们大声呵斥,或者扔下罐头和玻璃瓶之类,用更尖厉的声音压制他们的喧闹。

小四是他们当中最受气的一个。有一天晚上,我看见他在为几个玩纸牌的人服务,买纸烟和冰块。一个黑胖子输了牌,迁怒于他,骂他,还踢了他一脚,他一个人躲在河边木槿树的阴影里哭。我由此知道,他们也是十分复杂的群体,有强弱之分。还有一个晚上,我徒步回家,看见他在街边的小店铺门前唱卡拉OK,一块钱一支歌的那一种。他的声音颤抖,跑调,那个小老板于是允许他免费再唱一首以博众人一笑。可他唱了一半,意识到了什么,就扔掉话筒逃走了。我望着那黑暗中的单薄的影子,心中有些悲凉。我知道,他是想寻求一点幸福,可他把握不住,连一点跑了调的快乐也难以攥紧。

扎根大概念着是老乡的缘故,有时会护着小四。但不久,扎根从桥上消失了。

到了秋天,天稍凉了一点,工地有时候会在夜间加班,电夯在锤击,力量在大地上传递,在这一刻,我感到城市的心是颤抖的。一下又一下,那有力的电夯,把多少人的睡梦打出了火花,砸烂了多少人体内的废墟。

不久,小四也消失了。一天晚上,我向小四的工友打探。"摔断了腿,回家了。"那人说。他回忆着事情的经过:小四从三楼摔下,掉落时似乎是惊呼了一声的,可大家没有在意,他摔断了腿,疼昏了过去……他家里人来闹过两次，但现在不来了，想来事情已经解决……他的叙述是平静的，我知道，在工地上，这样的事情时有发生，已不足以让身边的人惊诧。但我的心在收紧。我想象他从楼上落下的情景，他是那么瘦小，穿着有些肥大的衣裳，他应该是飘下来的，像一个慢镜头，包括他的落地。生命是多么轻呀，在这样一场事故中，人的惊呼消失在工地上机器的噪音里，引不起任何人的注意。

轰隆轰隆……卷扬机在吼叫，日子在沉重地翻身，有时候挖掘机开过大桥的时候，桥也像在震动。站在桥头上，能看到工地上的情景，一切都显得那么杂乱，泥、水、架板、钢模、豁露的门窗和墙上零乱的洞眼，还有在空中颤动的钢筋。新楼房在没有建成之前，总有这样一个不堪的面目，那向空中一寸寸加高的墙体，一定砌进了许多难以言传的东西。

我从此没再看见小四。但扎根又回来了，他说，前些时候之所以离去，因为桥上每天聚集的建筑工人太多，影响了生意。这段时间，他去了好几个地方，但到了哪里生意都不好做，所以就又回来了。

一切都在继续，一切都仿如原来的样子。

桥上又多了一位女人，白面，微胖，和扎根相仿的年纪。有时，看见他们说笑着，扎根也显出高兴的样子。我也替他们高兴起来，觉得这桥上的生活中竟有了些变化，活泛起来，不再像过去那样死板而寂寞。

又有一次，正是午饭后思睡的时刻，我骑车过桥，发现桥栏边就他们两个人，扎根坐倚在一根栏杆上，女的大约是过于疲乏了吧，靠在他肩膀上睡着了。那场景，仿佛是在乡下，一棵草倚在另一棵草上睡着了似的。风吹起地上的灰尘，吹着两个劳苦者颤动的发丝，有一种疲倦的温情从那里弥散过来，使人鼻子发酸。我一下子被深深感动，几乎不敢凝视他们。

我放慢了骑车的速度，缓缓从桥上驶过，觉得那一刻，周围的世界也仿佛受了感动，桥、树、银行的大楼、广告牌……都注视着他们，安静地，惟恐惊破了那薄而脆的睡梦似的。

（佚名）

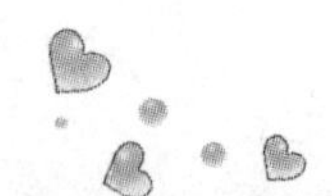

最后的风景

知道自己得的是一种不治之症而又不让家人知道，家人知道了而又误以为病者不知，努力地要在他面前强作欢颜，过去只在电视上常见的敷衍故事的生活情节而如今却实实在在地出现在你的面前，这大概是一件很痛苦的事情。

岳父日渐消瘦，最后都没法去赴一个学生的约，只是几百米的路。岳母一脸愁苦；岳父说是肝病又犯了，他自己在县医院已经查过了。

岳母催着到南京做检查；岳父说儿子下个月结婚，喜事，一家人需要高兴。天伦之乐，他在乎这个。妻弟结婚那天，他穿得格外漂亮，接受大家的祝福，接受众人的闹喜，他的脸叫人用墨汁涂成了包公，他开心极了。

不敢面对的现实果然存在：南京的检查结果，肝癌。

事已如此，一家人一方面商议着为他治病，一方面约定要瞒着他。

我们忙着网罗所有有关能治肝癌的信息。也怪，平日里不大注意的事，在意了就一股脑儿的向你面前涌，最后跟中央电视台“与你同行”节目都通了电话，原因是它那儿播过有关治疗肝癌的药。纵是岳父一个劲的相劝不要费太多的神，我与妻弟还是去了两趟北京。

结果是一个很权威的老医生敲了敲一张几近散架的破桌：为期已晚。

开始家人是不让岳父抽烟的，想开了，抽吧，捡好的买。平日里不上桌的老鳖螃蟹也是岳父的家常便饭。岳父像是很开心的在吃，每次吃完饭，都是一头的汗。其实他的胃口极差，且黄疸也是越发的厉害，连耳根都黄了。一边吃还一边招呼我的女儿偎在他的怀里。我们有时在一旁看着，陪着大声说一些不关病情的话。岳父就说过去小城人不喜欢吃这些的，说是没油，买肥猪肉吃。我们都极认真地在听。继而，他从嘴角挤出点笑，于是大家附和着笑………

岳父是教师，教师节这天全校老师合影。岳母也便想到家人也该照张相之类。妻叫我把单位的摄像机借来，说给父亲来一些生活摄像。

我俨如一个导演似的，先是让岳父看书，他平日是最爱读书的了。我又让妻给他倒了杯茶，在他慢慢呷茶的当儿，我把镜头拉近，近乎是一个特写。最后岳父大声地喊家人围到一块儿来：聊天、吃瓜子儿、喝茶……

我尽可能多的录下了一些生活细节，临了，我又把摄像机扛到靠校门口的一块坡地上。两排梧桐，正对校门，我选定能看到校牌的角度摁动了开关。镜头中，岳父、岳母，还有两个小外甥女，手牵着手，像散步，也像看风景，从坡底向上一步一步的走。我从镜头里看到岳父不停地在说话，努力地笑。阳光越发的温柔，给梧桐镀了层金色。青山着翠，淮河如练，在夕阳最后一抹余晖里格外的灿烂。

不多日，岳父便离开了我们。最后在他内衣的口袋里发现了一张病历：肝ca，晚期。时间竟在半年之前，原来，他早就知道自己的病。

一个人，以自己终生生命竭力呵护着家的完美与和谐，甚至都不皱一个眉头，不大咳一声，终生缄守一个美丽的谎言；一家人，以无可挑剔的完整、美满、谦恭，没有一点磕碰，不存半点伪装，真诚恪守住一个美丽的欺骗。

唯其美丽，谁还会忍心去破坏这道最后的风景呢。

（佚名）

母　亲

我快步走了过去，当她冰凉的手攥在我手里的瞬间，她叫了声“乖”，我叫了声“娘”，我们便紧抱在一起，哽咽在一起。

多年前的一个春天，我16岁的母亲被一顶换亲的花轿，抬到了豫东平原上这个小小的黄河滩村。

我的父亲是个粗鲁无知的人，如花似玉的母亲在他的醉骂殴打中凋落了青春。

父亲的一位渔夫朋友看不惯我的父亲，他常常呵护我的母亲，训斥我的父亲：有本事多打几网鱼，种好滩里的庄稼，喝酒打老婆算啥汉子……

这个渔夫14岁死了爹娘，没亲没故，多年来住在河滩的草屋里，靠打鱼、种那几亩滩地为生。他的地和俺家的地搭地边儿，他常帮我母亲耕种收割，为母亲分担了很多辛苦和劳累。在母亲心中，他是坚实的依靠。她感激他，常帮他洗、补衣裳，补织渔网；做腌鱼片给他吃，酿醇香的高粱酒给他喝。每逢他和父亲到滩地西边一望无际的芦苇荡里打兔子、打鸟时，她便给他们每人煮一兜鸡蛋，挂一兜腌鱼片、一葫芦高粱酒，她站在大堤上目送他们很远很远，直到他们淹没在苇荡，才肯回家。

母亲19岁那年，醉酒的父亲站在船沿叉鱼时坠河淹死。父亲死后，母亲想带着我嫁给那个渔夫，婆家和娘家人软硬兼施也没阻止住她，最终还是在奶奶怀里哭喊妈妈的我，使她转回了抹泪而去的背影。

那晚，她搂住我坐在月光下的河堤上，望着对岸河滩上草屋里闪烁的灯光，听着渔夫飘在河风中的渔歌，泪如断珠。她哭时，公婆在人前夸着她笑，老族长为她立着贞洁牌坊，烟锅里吱吱地燃着欣喜。

从此，母亲很少言笑，沉默如我家的老船，载去公婆的苦，载来全家的福。她把自己的苦处和美好的心愿沉进河底，讲给月亮，种进淋满涛声的黄河滩。她默默地劳作打发着寂寞的岁月。她常常把腌好的鱼片尽可能多地塞进我的书包，伫立在村口目送我到县城读书，祈祷我有朝一日学业有成，成家立业。

“孩儿，不蒸馒头——争口气，好好念书，娘全指望着你哪！”她的叮咛和她那期望的眼神让我终身难忘。

光阴荏苒，年迈的爷、奶相继病故。我大学毕业后，母亲拿出多年来省吃俭用、捕鱼种地、捡破烂积攒的钱，在县城给我找到了工作、盖了房子、娶了媳妇。

妻子生产时，我接母亲来县城住了半年多，说是让她来带孩子，其实是想让她享受天伦之乐。我和妻子很孝敬她，可她却闷闷不乐，常常唉声叹气、神

不守舍，有时偷偷抹泪。我和妻子问她为何这样，是不是有啥惹她生气的地方？她说，傻孩子，你们对我都很好，吃的、穿的、住的、玩的都比乡下强，可我就是住不习惯，心里闷得慌，老想家。不久，她非嚷着要走，她说，让我回去吧，再住非把我住病不可。我惦记那几亩滩地，惦记家啊。

这次回去不久，她和渔夫的事儿就传进了我的耳朵。我恍然大悟：恁多年，她之所以舍不得那个破旧的老屋，舍不得那点滩地，原来是为了能和那渔夫相见在滩地边的芦苇荡里……

在偏僻封闭传统落后的滩村，男女间不正当的关系是被人们视为大逆不道的。尽管母亲对那渔夫的感情是纯洁的，但滩村的人不理解。母亲成了故乡人人唾骂的坏女人，成了滩村茶余饭后的笑料。那些在丈夫的体贴关怀中享受幸福的农妇们骂她是离不开男人的贱女人；三里五庄的光棍汉常在夜晚趴在墙头上污言秽语调笑她；小孩儿们常围着她哄笑嬉骂，用坷垃投她；逢年过节，小村里家家欢天喜地，她却在冷清的小院里独对孤灯……

为让她摆脱困境，妻子曾托人在县里为她介绍了一个条件优越的老伴儿。可她却生气地说，娘是随便谁都跟他过的人吗？我知道，娘丢了你们的脸——唉！娘咋对你们说呢！这样吧，从此后谁要问起我，你们就说没我这个娘好啦……

我非常生她的气，那个渔夫有什么好啊，没钱、没房、没地位，又瘦、又矮、又丑，就占个心好。再说，他在我父亲死后第4年，见我母亲冲不破家庭和传统习惯的阻力，他就从四川领了个媳妇。母亲不但不恨那个渔夫无情无义，还对那个四川来的女子很好。她说自己不能嫁给渔夫，一个男人家怎么能没个女人照顾呢！她甚至很感激那四川女子替她对渔夫尽了义务。

从那以后，我再没回过老家，她也没来过我家。

其实，我知道她很想我，可她一直认为我家巷子里的人都知道她和渔夫的事儿，每次进城，她都不敢走进那条小巷，不敢走进她辛苦抚养长大的儿子的家，只敢站在巷口偷偷看一看我的家门；趴在幼儿园的门缝上偷偷看一看她日思夜想的孙子。她是那么地想见我，却又怕别人认出她就是我的母亲。她怕她的名声让我在人前失脸面、抬不起头，她知道面子对她已有官职的儿子来说是多么重要。她怕她的名声影响我做人，影响我的政治前途。她把我

和我的前途看得比她的生命重要得多。

记得那年冬天我生日的那个下午，放学的儿子一进门就对我说，上午上学时见个老奶奶袖着手，胳膊上挂个兜，在对面马路边来回转悠，现在还在那儿往巷子里望，他很害怕。

透过窗外纷飞的大雪，我朦胧望见巷口对面的马路边伫立着一个浑身是雪的人。一种预感使我跑到了巷口，尽管她的脸围得很严，但那眼神告诉我，她，就是我的母亲。

大雪在淡淡的夜色和呼啸的寒风中飞舞，母亲兀自站在昏黄的路灯下，雪，已经埋住了她的脚，她静静地望着呆在巷口的我，淡黄的灯光里，她像一尊望子的雪雕。

我快步走了过去，当她冰凉的手攥在我手里的瞬间，她叫了声“乖”，我叫了声“娘”，我们便紧抱在一起，哽咽在一起。

她怎么都不肯跟我回家，她把那兜鱼片塞进我手里，抹着泪说，乖，娘能看你一眼，心就足了！只要你们过得好，娘就放心了。巷里人多嘴杂，看到我，会说你的，娘不能给你添麻烦。

尽管我再三劝说，母亲还是走了。透过迷蒙的泪水，我望见飘满飞雪的暮色渐渐吞噬了她那蹒跚远去的、已被生活压弯的背影。

年复一年，母亲在黄河滩度过了晚年，最终带着屈辱、内疚，怀着她和渔夫没能结合的爱情，带着粘满鱼腥、粘满汗味的生活，永远地走了，走进了那片她热爱的滩地。

我永远难忘母亲临死的情景，那天正是中秋节的晚上，我从县城赶到老家看望她，没想到心脏病突发的她躺在窗前月光里的小床上已是生命垂危。她黄瘦的脸围在满头散乱的银发中，两只干瘦的手交叠着捂着胸口。她手下捂着两张相片，一张是我们全家的合影，另一张就是那位站在黄河滩一望无际的芦苇荡前的渔夫。母亲一见我，脸上先是露出了笑容，接着眼里闪着泪光，她说她真的没想到还能见到我。她用干瘦的右手捏着渔夫的相片给我看，她含着泪，声音微弱地说：“娘快，不行了——该给你，说了，恁些年，要不是，为了他和你，娘早就跳河了。他，才是，你，你的，亲——爹。你，你原谅，娘吗？……”她话没说完就慢慢地闭上了眼睛，离开了人世，一串泪水从她眼角流出。我想,那泪水是她想说而没说出的、压在心底多年的心事和美好的愿望。

我一下跪在母亲的床前，泣不成声地请求亡母原谅我对她的误会。

埋葬她那天，一群大雁从长满芦苇的河边鸣叫着飞起，在静静的河滩的上空为她鸣唱着凄凉的挽歌；养育她的黄河从她安息的滩地边流过，向大平原诉说着她一生的忧伤、苦难和悲哀……

我跪在母亲的坟前，泪流满面地想着：善良、宽厚、纯洁而伟大的母亲哪，是谁扼杀了你纯洁的爱情，是谁给你这屈辱、痛苦的人生啊？

（佚名）

老师的力量

这些孩子几乎都有一段不幸的经历，我想，只有我才能让这些孩子度过童年不幸的时光，也许只有我的爱能让这些可怜的孩子脱离贫民窟——很高兴，我做到了。

有了爱就能创造奇迹。作为老师能够给学生们带来爱的鼓励和关怀，这无疑给学生的成长带来至关重要的作用。

1975年一位年轻有为的社会学教授曾经对一个贫民窟200名男孩进行了统计调查,包括这些孩子的成长背景和生活环境,并对他们未来的发展作一个评估,这位年轻的教授得出的结论就是:“以现在的教育条件和家庭环境，这些贫民窟的男孩不会有出头之日的。”但是这位年轻的社会学教授却忽略了教师的因素。

25年后，也就是在2000年左右，这位社会学教授无意中在办公室的档案中发现了这份研究报告，他很好奇地想知道这些男孩的现状到底如何，因此他叫自己的学生继续作追踪调查。

学生们跟踪调查的结果是：这些男孩已经长大成人，除了有20人搬迁和

过世，剩下的180人中有176名都有很好的工作，而且还有一部分人成就非凡，其中担任律师、医生和企业家的比比皆是。无疑，这些孩子都获得了成功。

这个社会学教授颇感惊讶，决定深入调查此事。他拜访了当年评估的那些人，问道：“你今日能成功的最大原因是什么？”结果每个人都不约而同地回答：“因为我遇到了一位好老师。”

社会学教授终于找到了这位虽然年迈，但仍然耳聪目明的老师，请教她到底用了什么办法，能让这些在贫民窟长大的孩子个个出人头地。这位老太太眼中闪着慈祥的光芒，嘴角带着微笑回答道：“其实也没什么，我爱这些孩子，我尽全力给他们尽可能多的文化知识和做人的道理，事情就是这样的。这些孩子几乎都有一段不幸的经历，我想，只有我才能让这些孩子度过童年不幸的时光，也许只有我的爱能让这些可怜的孩子脱离贫民窟——很高兴，我做到了。”

老太太说到这里，非常骄傲，眼睛里闪烁着自豪的神情。

（佚名）

生命的高度

是的，谁能走得出母亲的胸口呢？随着我对这个道理的渐渐明白，母亲也渐渐为我耗尽了她生命的光华。

无论世事怎样变换纷扰，母亲的故事一直都会是我心中最最明晰的情节。母亲去世六年多了，这几年我大部分时间漂泊在外，不断变换着工作，但对她的怀念却与日俱增。

按说，母亲不该是个辛苦一生却得不到回报的庄稼人。可发生在我家的事用“命途多桀”来形容一点都不为过。“文革”时期，一向勤俭秉直的母亲因

此不得不放弃了读书。有了我和弟弟以后母亲就一直希望我们能继续她的读书梦。母亲很得意的一件事就是，当年她的作文总是被来势认做全班第一。记忆里，母亲偶尔抚摩着我们的课本却并不翻动，叹着气就走开了。我现在想，那些在她的目光下摊开的书本一定是她的伤心地，但更是她希望的田野。

那时候农村还没有现在这么多的致富路子，日出而作，日落却不得歇息。为了供我们读书，母亲很早就习得一门刺绣的手艺——在印了底纹的白布上用丝线依样绣出凸起和镂空相同的美丽图案。中介方以很低的价格收去，然后再高价出口到国外。母亲做活的干净利落是出了名儿的，连同村的好多姑娘家都望尘莫及。常常我从梦中醒来，灯却仍亮着——40瓦的灯泡泛着陈旧的黄色，母亲就在这昏灯下穿针引线。见我盯着她，就笑笑，为我掖好被角，又低头干活了。

我总是抱怨灯太亮，害得我无法睡安稳。我半眯着眼睛，脑子里想着白天与同学们一起玩耍的情形。屋子里静悄悄的，只有她手中的针穿透雪白绣花布的声音，那轻轻的有节奏的钝响。那时冬天出奇的冷，被塑料布遮挡的后窗仍然结有一层薄薄的霜，我家又没炉子，母亲的手年年被冻坏可那时的我却觉得这是天经地义的，还总是挑三拣四，抱怨母亲没有能力把日子过得更好。放学后我宁愿和伙伴们去外面疯也不愿早回家，就算回家也是放下书包就去以便写作业，看小人书，全然不理会母亲的忙碌。那时我总觉得别人家的饭好吃，别人家的东西好玩，别人的母亲更和蔼……

现在回想起儿时的幼稚和无知真是无限愧疚，我对母亲又做了些什么呢？我脚下的里不就是母亲一针一线为我锈出来的吗？如今，一想起她遗留下的那些插在海绵是密密麻麻的绣花针和那副老花镜，我就一脸泪水。多年以后我在一首诗里写道：

那时的我只知道雪野里的奔跑和摔倒
吹不出声音的喇叭是最心疼的宝贝
却不懂得母亲的泪水威吓决堤
那时的我总想浪迹天涯却不知
儿子永远也走不出母亲的胸口

是的，谁能走得出母亲的胸口呢？随着我对这个道理的渐渐明白，母亲也渐渐为我耗尽了她生命的光华。

由于贪玩，5年的高中生活结束之后的那年暑假，我才考上北方一所著名的美术学院。我是从去省城查分回来的同学处最先获悉这一消息的。母亲兴奋得奔走相告可是当面对白纸黑字，盖着鲜红印章的录取通知书，我却没有丝毫的欣喜——近两万元的学杂费使我们全家愁得彻夜难眠。尤其是母亲，总安慰我说会想出办法，其实我看得出她比我更着急。因为上火她的前胸生了个很大的疮。但母亲仍是带着我四处求援，原先在我还没考上大学时答应过帮助我的一些亲戚,如今纷纷表示爱莫能助。从未出过远门的母亲不顾我和父亲的劝阻。只身从辽南的山沟里辗转去了遥远的七台河,那是黑龙江北部的一个地方,母亲曾告诉我那里有她的一个表姐,据说在一个山里的小镇上做服装生意,有些积蓄。当时正值8月中旬,母亲的身体又一直不好,再加上那段时间的煎熬,我至今仍不忍去想象,她是经受了怎样的炎夏车厢内的闷热和山路上的颠簸之苦。但结果是,除了路费,表姨连一分钱都不肯借给我们。

我想要放弃去省城读书的机会。母亲的苦苦哀求下，父亲流着泪答应把居住了多年的老屋卖掉凑些钱，并以此向校方表示诚意，希望能延长交付学费的时间。可是在我们哪儿的农村，几间破瓦房才能值多少钱呢？现在想起来真是后怕，要不是后来我终于在大连通过亲戚找到一位好心的老板借来了钱，我可怜的父母恐怕至今还可能过着寄人篱下的生活。一年后，县里的电视台不知如何知道了此事，我和母亲于是都出现在屏幕上，我家的14寸电视效果不好，但我分明看到，母亲绣花的背影浸透了泪水。

上学的事总算解决了，母亲的病情却日益严重。后来听父亲说，为了不影响我的学业，我可怜的母亲直到我临近毕业才不得不去做了乳腺切除手术。可是，一切已太迟了。

在陪伴母亲走国她生命的最后日子里，我的泪眼无数次目睹了她生命烛火即将熄灭时的辉煌与苍凉。母亲啊，我刚刚找到人生的方向，您却过早地在我准备为你泛起浪花的河流上消逝了踪影！如今，我虽然离开了小山村，留在母校为人师表，但我还时时感到无助和失落，多少次灯红酒绿中我却难以欢颜。母亲一生几乎没有下过馆子，去世前不久我才有一点能力为她买了一双不足百元的皮鞋。她勒索高兴得不得了。

这几年，每次回老家我都是来去匆匆，每次都因为嫌父亲的唠叨和邻里乡亲的“没文化”，不堪忍受他们生活的平静和肤浅，借口工作忙，呆一两天就赶紧回省城。其实，我们这些终日幻想着名利双收的所谓文化人，比起勤勉的母亲又能高明多少？而缺失了母亲的故乡还会是完整的故乡吗？谁，又能重新给我回家的渴望？

（佚名）

助人是为了快乐

自那以后，我看到“助人”和“去星巴克”、“看几米漫画”一样，成为小强“时尚消费”中的一项，古老的悲悯情怀与新人类的逻辑从此殊途同归。

我只比表弟小强大六岁，但想法却天差地别——我以为天经地义的，他却认为缺乏逻辑。那天，看到一则有关失学儿童的报道，我眼泪汪汪地建议“要不然我们捐300元”，话音刚落便遭到小强的嘲笑，他还说出一番道理：“第一，这类事情，社会福利机构和保障部门责无旁贷，怎能频繁以号召募捐的方式嫁接到个体身上去？第二，为什么要助人为乐？助人为乐对我有什么好处？”

我瞠目结舌，差点没晕过去：“好处？助人为乐属于人格完善的范畴：助人者，善良也；不助人者，冷漠也。帮助别人又不是投资，居然还指望回报？这么多年从小学到大学你接受的教育全失败了！”

学经济的小强反驳我说：“不，愿不愿意助人跟‘人格’什么的没有直接关联，而是一个经济范畴的话题，表明了‘投资’与‘回报’的关系。”为证明自己的观点，他列了一张表，题目是“助人的支出”：

假设支出300元，这300元如果用于自我投资，等于——

1、一张256MB的数码相机存储卡。

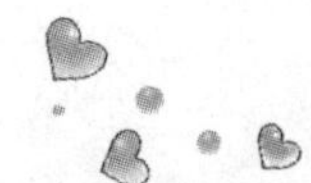

2、躺在豪华影院里，把《指环王》三部曲翻来覆去看三遍。

3、买4套北京博物馆通票，看卢沟晓月、紫檀艺术、爬碓臼峪。

4、把女朋友渴望已久的几米绘本系列送给她。

5、请朋友在星巴克消磨若干个下午。

……

毫无疑问，对于一个时尚青年来说，他认为以上支出才是有价值的投入，而且其成效立竿见影，比如，女朋友的笑脸，朋友之间的倾心交流，旅游、看电影时感受的身心愉悦。这些“回报”近在咫尺，触手可及；至于远方的、看不见摸不着的一个小孩儿，于他又有什么意义呢？300元的捐款，既不能使小强们青史留名，也不意味着将来会有人登门报恩。他说：“我每月依法按时纳税，国家用于扶贫救灾的拨款里也有我的贡献。既然我已经尽到了‘责任’，那为什么还一定要去献‘爱心’呢？”

他的逻辑听上去很奇怪，这是“独一代”的逻辑么？“独一代”，是人们对生于80年代后、独立性强、以自我为中心的独生子女的统称，这一称谓，褒贬参半，喜忧参半，意味深长。

我怔怔地看着他，说不出话来，能用长辈教育过我的一套去跟他说吗？要学雷锋啊！他会问，为什么要学雷锋啊？因为雷锋是个伟大的共产主义战士，伟大的人。他又会问，为什么要做伟大的人？我只想做个普通人，有小算盘、小欲望的普通人。还有，雷锋幸福吗？雷锋连场正儿八经的恋爱都没谈过……新人类成长得太快了，快得让传统的道德说辞都变成了古董。

虽然新人类不是靠“大道理”去说服的，但他们毕竟还是有血有肉的人。过几天，小强跑过来，叽叽喳喳跟我讲他的见闻：“我被头儿派去采访一个女孩儿，她得了癌症，从确诊到今天坚持了四年之久，创造了生命的奇迹。站在她家客厅中央，我几乎不敢相信自己的眼睛，这个女孩住在北京？离繁华的西单商业街只有一步之遥？18平方米的斗室（包括厨房卫生间在内）住下爸爸、妈妈、她三个人。古老的地板革，石灰扑簌的墙面，无不表明这个工薪家庭的经济状况……”这个女孩需要帮助，父母两人一个月收入才一千二，而她一次急诊，住院押金就要两万。“我要活下去”，隔着小强的转述，我都能看到女孩儿倔强的生命之光。

“你会不会捐钱？”我目光灼灼地问小强。

“让我想想。”小强有些沮丧，显然他心中的某一根弦已经被强有力地拨动了，不过，他还需要一个强有力的理由支撑他的“投资”逻辑：“捐钱，助人为乐——有什么‘好处’吗?”

第二天，小强回来后告诉我，他捐了300元。“看，善行不一定给人带来看得见的好处,但我们应该去做。”我以为他终于放弃了他的逻辑,谁知他淡淡看我一眼,并不作答,而是又给我列了一张表,这次的题目是“助人的回报”:

支出300元，得到的回报是——

1、女孩儿先惊后喜的表情，然后泪花一下子涌到眼眶却流不出来，只是冲着我点头，动人地微笑，这是我见过的最美的微笑，比赫本在《罗马假日》里清纯羞涩的微笑还要美。

2、女孩儿父亲蹬车送我去地铁站，这是成年以后第一次坐在别人的车座上，耳边的风声跟儿时一样温馨安静。

3、忽然觉得世界很干净，包括拥挤的地铁、地铁中的乞者、大大咧咧的售票员……与热闹的生活贴近了一分。

4、在这个冬夜，心里面如释重负的安宁，有一种温暖比毛皮大衣还要暖，涌上心头，以前从未体会过。

5、如果把300元用于个人投资，仅仅收获一次微笑、几本书、几个有形的物体，其有效期是几秒钟、几天、几个月，而这一次的有效期，可能是一年，甚至可能是一辈子。

“我在想，有些‘时尚项目’那么贵，而我眉头也不皱一下，为什么？因为它们能满足某种心灵诉求。谁知这微不足道的300元在短短一瞬间给我的震撼，并不逊色于‘时尚项目’。由此可见，善行同样是有‘回报’的，回报的是双重快乐，所以更值得我们付出。”学经济的小强还是用他那套逻辑在分析。新人类不说“应不应该”，而说“值不值得”，只要能带来生命中真实的幸福感，他们就心甘情愿地为之“买单”。

自那以后,我看到“助人”和“去星巴克”、“看几米漫画”一样,成为小强“时尚消费”中的一项,古老的悲悯情怀与新人类的逻辑从此殊途同归。

（佚名）

善良的伟大贡献

就在不久之后，当年那位绅士的儿子染上了肺炎，是弗莱明发明的盘尼西林救活了他的命。那绅士是谁？上议院议员丘吉尔。

青霉素在医学上的应用拯救了千百万人的生命，被称为是迄今以来最伟大的医疗行业的发明、发现之一。青霉素的发现者弗莱明有一段不同寻常的童年经历。

弗莱明出生在一个贫困的家庭中。他的父亲是一个穷苦的苏格兰农夫，有一天当他在田里工作时，听到附近池塘里有求救声。

善良的农夫放下农具，跑到了池塘边，看见一个小孩掉到了泥沼里面。不顾个人的安危，农夫把这个孩子从死亡的边缘救了出来。小孩获救了。

第二天一大早，有一辆装饰豪华的马车停在农夫家门口。马车里面走出来一位高贵的绅士，他自我介绍是那被救小孩的父亲。绅士说："我要报答你，你救了我儿子的生命。"农夫说："我不能因救了你的小孩而接受报答，这不是我的做事风格。"

正在两人为报答僵持不下的时候，农夫的儿子小弗莱明从屋里走了出来。

绅士问："这是你的儿子吗？"

农夫很骄傲地回答："是，这是我的小儿子，他很聪明。"

绅士说："我们来个协议，让我带走他，并让他接受良好的教育。假如这个小孩像他父亲一样，他将来一定会成为一位令你骄傲的人。"

为了儿子的前途，农夫答应了。

后来农夫的儿子——弗莱明从圣玛利亚医学院毕业，成为举世闻名博士。后来弗莱明发现了青霉素，并在1944年受封骑士爵位，且得到诺贝尔奖。

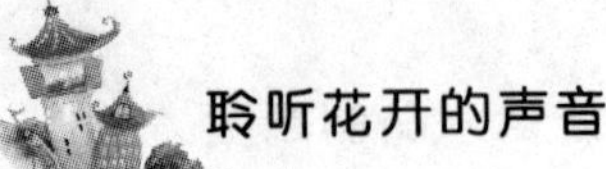

就在不久之后，当年那位绅士的儿子染上了肺炎，是弗莱明发明的盘尼西林救活了他的命。那绅士是谁？上议院议员丘吉尔。他的儿子是谁？就是后来引导自由英国人民抵抗纳粹德军侵略的伟大政治家丘吉尔首相。

（佚名）

夏天不热

你们应该认识到：你们的青春就在这里了，你们这辈子不可能有第二个四年的大学了——心理健康十大原则之一：重视现在。

心理学课堂上，周正教授正在授课。“同学们，如果我现在说‘夏天’这两个字，你们会想到什么？”

“夏天热，真难受——”话一出口，大家都笑了。

“假如我问的不是你们，而是一群三岁小顽童，听到‘夏天’，你们猜他们会想到什么？”

“冰淇淋？”同学们饶有兴趣地回答。

“十岁的小女孩儿听到‘夏天’，又会想到什么呢？”

“花裙子。”大家有些兴奋了。

“如果问美国夏威夷群岛的女大学生……”

“那就是海滩、泳装了！”

周教授赞许地点头：“美国有一个‘少女节’，就是在夏季，你们知道为什么是在夏季吗？”

一位女孩子站了起来：“因为在夏天，女孩子们的衣着比较容易显现美丽的身材，看起来比较……性感。”

大家笑了，很善意。

周教授也笑了："美国的少女节在夏季的原因，你们想：如果是在冬天，女孩子们都穿得上下一般粗，少女的身段、迷人的体态，还能看得出来吗？大家想一想，听到'夏天'想起冰淇淋，是快感吧？想起花裙子是——"

"美感！"

"泳装呢？"

"性感喽——"大家忍不住笑起来。

"一说'性感'，你们就笑——笑，表示不好接受，难道'性感'有什么不好吗？"

举座不语。

"那么，我们不妨先假设性感'坏'，但比起'难受'呢？你们更愿意接受哪一个？"

"性感。"大家认真地做出了选择。

"你们有没有发现：难受比'性感'还坏？而你们，却是比'坏'还坏！难受只是一个词汇，带来的是意识——真的是夏天惹了你们吗？究竟是谁让你们难受的呢？"

"自己——"大家恍然大悟。

周教授发人深省的话语继续着，此时，同学们已是全神贯注。

"我问'财院'，你们说'破'；问'男人'，你们说'坏'；问'女生'，又没有反应……想一想，你们身边除了女生就是男生。男生都'坏'，对女生没有反应，身在财院嫌弃这里'破'，身处的季节让你们难受，对自己，也搞不清楚……凡是属于你们自己的都不好。可以预见：将来你进了一个单位，会嫌单位差；娶了媳妇儿，会嫌媳妇儿次；生个孩子，也会让你看着不顺眼；连对你自己都是这反应。

"有一个女学生这样跟我讲：周教授，我告诉你为什么对'自己'没反应。我眼睛小，单眼皮，嘴唇厚，家里穷、没钱打扮，只要是男生，看都不看我一眼。寝室六个女孩，就我一个没有男朋友——她说的这些都是真的，这个时候你光告诉她：人要注重内在美，有用吗？"

"当然没用。"大家意见一致。

"冰激凌是不是真的？花裙子是不是真的？泳装是不是真的？"周教授不动声色地点化我们，"都是真的。当然，你可以坚持：夏天热，也是真

的，它就是让我难受！‘那么秋天呢？’秋天，万木凋零秋瑟瑟，愁煞人啊！‘那么冬天呢？’冬天最糟！我告诉你们，到了冬天，别人的冻疮长在手上，我的冻疮却长在脸上、大腿上，烦死了！‘那么春天呢？春天来了，花就开了，花一开就有花粉，我这脸一到春天就花粉过敏。再说，花开了终究要落，落在地上就会被人踩，与其花开不如不开的好啊！’同学们，这人是谁啊？”

“林黛玉——”大家笑起来。

“黛玉活了多久？”

“20岁？”

“20岁都高寿了，再猜。”

“18岁？”

“18岁也是高寿。”

“16岁？”

“反正是‘未成年’！你们想想，像她这样悲秋伤春怎么能成年？！假如一个人像黛玉一样生活，怎么能过得好？黛玉妹妹的眼泪是从春流到夏、从夏流到冬，一年三百六十五天，没有一天不惹到她！我们有些学生，失眠、掉头发、休学……痛苦得不得了，而事实上，真的是有什么事情惹了他们吗？”

周教授的话语掷地有声：“事实上是：90%以上的情况是没有任何人惹到你，只有你自己。你们可以看看自己是不是这样的：女孩子整天在想：‘我应该考研吧，这样以后好找工作，但是考研必然会消耗很多时间，读完研究生出来就不好嫁人了；可要是不考研，又不好找工作……到底考不考啊……’男孩子呢：‘男子汉大丈夫要以学业为重，不能谈恋爱。可是，班里那个女孩子很吸引我……那也不能分心……不行啊，我一见她在教室里，就无法安心学习……哎呀，不能想不能想……’要不就是：‘我到底是考研还是找工作？’——很多人就是这样天天跟自己内耗：‘起来读书吧’、‘不行，今天刮风了，明天再说’，第二天又睡过了：‘改天吧，反正时间有的是’……很多人到了成年，之所以没有成就，就是这样经常地把自己给消耗掉了，一直处于负性之中。”

周教授的话语仿佛一剂良药，却有根治前的一阵“切肤之痛”“下面一个问题就是：为什么有心理学——心理学讲：“真往往是害人的，比谎

言更甚。‘如果一个人骗你，他能骗你三天、三年，终究要被识破；但假如一件事是真的，正如‘夏天热，真难受’一样，会让你终生受其害而不自知。”

“那么我们应该怎样避免负性思维的伤害呢？”有人问。

看到大家开始用心思考了，周教授和颜悦色道：“举个例子，我们都去过公园，那里景色怡人，令人神清气爽。就在你正欣赏风景的时候来了一个女孩，我们权且叫她真真。她说：‘你上当了，我带你看看真实的公园吧！你看，这里有人随地大便都没人管，瞧瞧，这里一堆，那里一堆……’你不看还好，一看都恶心死了，公园美丽的形象被彻底破坏掉了。你走了，真真可没有走，还略带自豪地说：‘怎么样，看到真实的花园了吧？你们这些人单纯得可笑，我就喜欢研究真相。’她还兴致勃勃地在花丛后面继续寻找‘真相’——同学们，真真怎么了？”

“有毛病了——”

“她变态了——心理学中给‘变态’一词的定义是：真实地、执著地寻求伤害自己和他人的元素。一般正常人看到这儿都走了，以后避免再提——真真这样的人却仍要盯住不放。

世界上对人危害最大的，不是杀人犯、也不是骗子。一个杀人犯来到这里，最多让他待上一个小时，必定要被抓走；一个骗子来到这里，就算他伪装得很好，骗了十个教授、二十个学生，最终也会被识破——但是，一个‘变态’对你的伤害却是无法估量的：‘你想谈恋爱？——我让你看看男人都干的啥事儿……’‘你想上财院？——我告诉你财院有多破……’‘你好好看看你自己：三角眼、塌鼻子、小矮个儿……你都失恋十次了。’你什么感觉？‘哎呀，别说了，我早都难受死了！活着真没意思！’真真怎么说呢：‘对啊，死了算了！’”

听到这里，热烈的掌声响了起来。

周教授话锋一转，语重心长：“你们愿意站在前面还是愿意站在后面？”

“前面——”大家不假思索。

“愿意站在前面的请举手——”

“唰”的一声，在座的六百人都举起手来。

周教授反而更平静了："如果站在前面，同学们，夏天来了——"

"冰淇淋！""花裙子！""比基尼！"此起彼伏的声音在偌大的讲堂回荡。

"财院——"

"好——"话音未落，议论四起："是否有些自欺呢?"

"财院不一定好，但身在财院，你们应该给她一个'前面'的定位。我们现在来想一想怎么定位。"

"财院，有潜力!""中原小清华!""最起码是本科!""河南财大年轻时!"……

这些显然都不能让人信服，大家再一次将目光一起投向周教授。

"往届学生中，有人这样说：财院——我的大学!。"

大家不语了，一种很亲切很贴心的感觉涌上心头。

"迄今为止，这是我听到过的最好的回答。"在大家认同的掌声中，周教授给这堂心理学课做了一个回味悠长的总结，"你们应该认识到：你们的青春就在这里了，你们这辈子不可能有第二个四年的大学了——心理健康十大原则之一：重视现在。"

热烈的掌声震耳欲聋地响起，为这难忘的一课、为这受益终生的90分钟。

（佚名）

巴甘的蝴蝶

她说："美好的事物永远不会消失，今生是一样，来生还是一样。我们相信它，还要接受它。这是一只巴甘的蝴蝶。"

人说巴甘长的像女孩：粉红的脸蛋上有一层黄绒毛，笑起来眼睛像弓一样弯着。

他家在内蒙古东科尔沁的赫热塔拉村，春冬萧瑟，夏天才像草原。大片绿草上，黄花先开，六片小花瓣贴在地皮上，马都踩不死。铃兰花等到矢车菊开败才绽放。每到这个时候，巴甘比大人还要忙：他采一朵铃兰花，跑几步蹲下，再采红火苗似的萨日朗花。那时他三四岁，还穿着开裆裤，经常露出两瓣屁股。

妈妈说："老天爷弄错了，巴甘怎么成男孩儿了呢？他是闺女。"

妈妈告诉巴甘不要揪花没，说花会疼。他就把花连土挖出来，浇点水，随便载到什么地方。这些地方包括箱子里，收音机后面，还有西屋的皮靴里。到了冬天，屋里还能发现干燥裂缝的泥蛋蛋，上面有指痕和干得像烟叶一样的小花。

巴甘的父亲敏山被火车撞死了。他和妈妈一起生活，庄稼活------比如割玉米，由大舅江其布帮忙。大舅独身，只有一皮3岁的雪青骟马。妈妈死后大舅搬过来和巴甘。

妈妈不知得的是什么病，其实巴甘也不知什么是"病"。妈妈躺在炕上，什么活都不干，额头上蒙一块折叠的蓝色湿毛巾。许多人陆续来看望她，包括从来没看到过的、穿一件可笑红风衣的80岁的老太太，穿旧铁路制服的人，手指肚裂口贴满白色胶布的人。这些人拿来点心和自己种的西红柿，拿来斯琴毕力格的歌唱磁带，妈妈像看不见。平时别说点心，就四塑料的绿发夹，她也会惊喜地捧在手里。

"巴甘，拿去吃吧！"妈妈指者有嫦娥图安的点心盒子，说罢瞌目。不管这些人什么时间进来，什么时间走，也不管他们临走时久久凝视的目光。巴甘坐在红堂柜下面的小板凳上，用草茎编辫子，听大人说话，但他听不懂。有时妈妈和大舅说话，把巴甘撵出屋。他偷听，妈妈哭一声盖过一声，舅舅无语。这就是"病"？

晚上，巴甘躺在妈妈身边。妈妈摸着他的头顶的两个旋儿，看他的耳朵、鼻子、捏他的小胖手。

"巴甘，妈妈要走了。"

"去哪里？"

"妈妈到了哪个地方，就不再回来了"

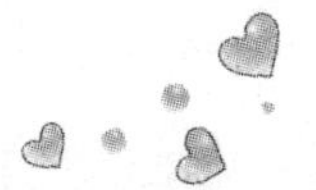

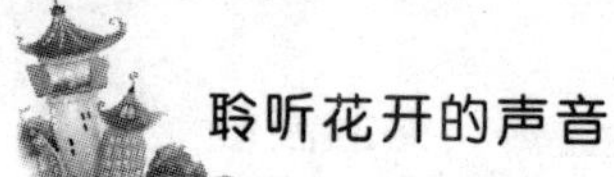

巴甘警觉地坐起身。

“巴甘，每个人有一天都要出远门，去一个地方。爸爸不是这样的吗？”

巴甘问：“那么，要去哪里？”

“你哪里也不去，和大舅在一起。我走了之后，每年夏天变成蝴蝶来看你。”

变成蝴蝶？妈妈这么神奇，她以前为什么不说呢？

“我可以告诉别人吗？”巴甘问。

妈妈摇头。过一会儿，说：“有一天，村里人来咱们家，把我抬走。那时候我已经不说话，也不睁眼睛了。你不要哭，也不要喊我。我不是能变成蝴蝶吗？”

“变成蝴蝶就说不出话？”

妈妈躺着点头，泪从眼角拉成长条流进耳朵。

她说的真准。有一天，家里来了很多人，邻居桑杰的奶奶带巴甘到西屋，抱着他。几个人把妈妈抬出去，在外面，有人掀开她脸上的纱布，妈妈的脸太白了。人们忙乱着，雨靴踩的到处是泥，江其布舅舅蹲者，用手捏巴甘颤抖的肩头。

从哪个时候起，赫热塔拉开始大旱，牧民们觉的今年旱了，明年一定不旱，但年年都旱。种地的时候撒上种子，没雨。草长的不好，放羊的人把羊赶了很远还吃不饱，反把膘都走丢了。草少了，沙子多起来，用胳膊掏洞。里面的沙子湿润深黄，可以攥成团。村里有好几家人搬到了草场好的地方。

巴甘看不到那么多花了。过去，洼地要么有深绿的草，要么在雨后长蘑菇，都会有花。现在全是沙子，也看不到蝴蝶，以前它们在夏季的早晨飘过去，像纸屑被鼓风机吹得到处飞舞。妈妈变成蝴蝶之后，要用多长时间才能飞回赫热塔拉呢？中途累了，也许要歇一歇，在通辽或郑家屯。也许它见到河里的云彩，以为是真的云彩，想钻进去睡一会儿，结果被水冲走了。

那年敖包过节后，巴甘坐舅舅的马车拉化肥，在来哈河泵站边上看见蝴蝶。它已经十多岁了，跳下马车，追那之紫色的蝴蝶。舅舅喊：

“巴甘！巴甘！”

喊声越来越远，蝴蝶在沙丘上飞，然后穿过一片蓬蓬柳。它好象在远方，一会儿又出现在眼前。巴甘不动了，看者它往远处诶。一闪一闪，像树叶子。

后来，他们俩把家搬到奈蔓塔拉，舅舅给一个朝鲜族人种水稻，他读小学三年纪。

这里的学校全是红砖大瓦房，有升国旗的旗杆。玻璃完好，冬天也不冷。学校有一位青年志愿者，女的，金发黄皮肤，叫文小山，香港人。文老师领他们班的孩子到野外唱歌，夜晚点着篝火讲故事，大家都喜欢她和她包里无穷无尽的好东西：塑料的扛枪小人、指甲油、米老鼠形状的圆珠笔、口香糖、闪光眼影、藏羚羊画片。每样东西文老师都有很多个，放在一个牛仔包里。她时刻背者这个包，遇到谁表现好——比如敢大声念英语单词，她就拉开包，拿一样东西奖励他。

有一天下午，文老师拿来一卷挂图，用图钉钉在黑板上。

“同学们，”文老师指着图，“这是什么?”

“蝴蝶。”大家说。

图上的蝴蝶张开翅膀，黄翅带黑边儿，两个触须也是黑的。

“这是什么?”

“蛆虫。”

“对。这个呢?”她指着一个像栗子带尖的东西，“这是蛹。同学们，我们看到美丽的蝴蝶其实就是蛹变的，你别看蛆虫和蛹都很丑，但变了蝴蝶之后……”

“你胡说!”巴甘站起来，愤怒的指着老师。

文老师一楞，说：“巴甘，发言请举手。”

巴甘坐下，咬了一下嘴唇。

“蛹在什么时候会变成蝴蝶呢？春天，大地复苏……”

巴甘冲上讲台，一口咬住文老师的胳膊。

“哎吆！”文老师大叫，教室里乱了。巴甘在区嘉布的耳光下松开嘴，文老师捧着胳膊看带血的牙痕，哭了。巴甘把挂图扯下，撕烂，在脚下踩。鼻子还在流者血。区嘉布的衣裳扣子被扯掉，几个女生惊恐的抱在一起。

“你疯了吗?”校长来了。用手戳巴甘的额头，巴甘后仰坐地。他把巴甘拎起来，在戳，“疯了!”巴甘再次坐在地上。

校长向文老师赔笑，用嘴吹她胳膊上的牙痕，向文老师赔笑的还有江其布舅舅，他把一只养牵来了送给文老师。校长经过调查，得知巴甘没有被疯狗咬过，让文老师不要害怕。然而，巴甘被开除了。

一天晚上，文老师来到巴甘家，背着哪个包。她让江其布舅舅和黄狗儿出去呆一会儿，她想和巴甘单独谈一谈。

“孩子，你一定有心结。”文老师蹲下，伸出打着绷带的手摸巴甘的脸，“告诉老师怎么了?”

蝴蝶?蝴蝶从很远的地方飞过来,也许是锡林郭勒草原,姥姥家就在那里。蝴蝶在萨日朗的花瓣里喝水,然后洗脸,接着飞。太阳落山之后再飞。在满天星光之下,蝴蝶像一个精灵,它也许是白色的,也许是紫色……

“蝴蝶让你想起了什么?孩子。”

巴甘摇头。

文老师叹口气，她从包里拿出一双白球鞋——皮的，蓝鞋带儿，给巴甘。

巴甘摇头。他的黄胶鞋已经破了，帆布的邦露出肉来。他没鞋带儿，就用麻绳从脚底系到脚背。

文老师把新鞋放在炕上，巴甘抓起来塞进她包里。

文老师走出门，看见江其布淳朴可怜的笑脸，再看巴甘。她说：“蝴蝶是美丽的。巴甘，但愿我没有伤害到你，上学去吧。”

巴甘回到了学校。

巴甘到了初中一年级的时候，成了旗一中的名人。在自治区中学生数学竞赛中，他获得了第三名，成为邵逸夫奖学金获得者。

暑假时，盟里组织了一个优秀学生夏令营去青岛，包括巴甘。青岛好，房子从山上盖到山下，屋顶红色，而沙滩白的像倒满另外面粉，海水冲过来上岸，又退回去。

夏令营最后一天的活动是参观黄海学院：楼房外墙上爬满了常青藤，除了路，地上全是草，比草原的绿色还多。食堂的椅子都是固定的，用屁股蹭，椅子也不会发出声响。吃什么自己拿盘子盛，可以把鸡翅、烧油菜和烧大虾端到座位上吃。吃完，把铁盘子扔进一个红塑料大桶里。

吃完饭，他们参观生物馆。

像一艘船似的鲸鱼骨架、猛犸的牙齿，猫头鹰和狐狸的标本，巴甘觉的这里其实是一个动物园，但动物不动。当然，鱼在动，像化了彩装的鱼不知疲倦的游过来游过去，背景有灯。最后，他们来到昆虫标本室。

蝴蝶！大玻璃柜子里粘满了蝴蝶，大的像豆角叶子那样，小的像纽带扣，有的蝴蝶翅膀上长着一对圆溜溜的眼睛。巴甘心里咚咚跳。讲解的女老师拿一根木棍，讲西双版纳的小灰蝶，墨西哥的君主斑蝶，凤眼峡蝶。。。。。巴甘走出屋，靠在墙上。

蝴蝶什么到了这里？是因为青岛有海吗？赫热塔拉和奈曼塔拉已经好多年没有蝴蝶了。蝴蝶迷路了，它们飞到海边，往前飞不过去了，落在礁石上，像海礁开的花。

夏令营的人走出来，没有人发现他。巴甘看见了拿木棍的女老师，他走过去，一一鞠躬。老师点点头，看着这个戴者"哲里木盟"字样红帽子的孩子。

巴甘把钱掏出来有纸币和手绢包的硬币，捧给她："老师，求您一件事，请把它们放了吧！"

"放了吧，放它们飞回草原去。"

"放什么？"

"蝴蝶。"

女老师很意外，笑了，看巴甘脸涨得通红并有泪水，又止住笑，拉住他的手进屋，一言不发地看着他。

巴甘沉默了一阵儿，一股脑儿把话说了出来。妈妈被抬出去，外面下着雨，桑杰的奶奶用手捂者他的眼睛。每个人最终都要去一个地方吗？要变成一样东西吗？

女老师用手绢揩试泪水。等巴甘说完。她从柜子里拿出一个木盒："你叫什么名字？"

"巴甘"

"这个送你。"女老师手里的水晶中有一只美丽的蝴蝶，紫色镶金纹，"是昆山紫凤蝶。"她把水晶碟放进木盒给巴甘，眼睛红着，鼻尖也有点红。她说："美好的事物永远不会消失，今生是一样，来生还是一样。我们相信

它，还要接受它。这是一只巴甘的蝴蝶。”

窗外有人喊：“巴甘，你在哪儿？车要开了……”

（作者：鲍尔吉·原野）

哥哥的礼物

于是三人在一起过了一个愉快的圣诞节——这个圣诞节是季卡罗德最难忘的圣诞节，从这一对贫穷的兄弟身上，季卡罗德看到了自己和哥哥童年的影子。

一年圣诞节快要到了，季卡罗德的富翁哥哥送给他一辆新的跑车作为圣诞礼物。

圣诞节的那一天，季卡罗德从他办公室出来时，看到街上一名男孩在他闪亮的新车旁走来走去，很爱惜地触摸它，满脸羡慕的神情。

季卡罗德饶有兴趣地看着这个小男孩，从他的衣着来看，他的家庭显然不属于自己这个阶层。就在这时，小男孩抬起头，问道：“尊贵的先生，这是你的车吗？这车可真酷呀！”

“是啊，小家伙，”季卡罗德说，“这是我哥哥给我的圣诞节礼物。”

小男孩很惊讶地望着季卡罗德说：“你是说，这是你哥哥给你的，而你不用花一分钱？”小男孩的神情让季卡罗德很是疑惑。

季卡罗德点点头。

小男孩说：“哇！我希望……我希望自己也能当这样的哥哥。”

季卡罗德深受感动地看着这个男孩，然后他问：“要不要坐我的新车去兜风？”小男孩惊喜万分地答应了。

逛了一会儿之后，小男孩转身向季卡罗德说：“先生，能不能麻烦你把

车开到我家门口啊?”

季卡罗德微微一笑，对小男孩说：“是呀，坐一辆大而漂亮的车子回家，在小朋友的面前是很神气的事，呵呵。”

一会儿，车子停到了小男孩的家门口，那是一座老旧的宅子。

“麻烦你停在两个台阶那里，等我一下好吗?”——小男孩乞求道。

小男孩跳下车，迅速地跑进了屋内，不一会儿他出来了，并带着一个显然是他弟弟的小孩，男孩的弟弟患小儿麻痹症而跛着一只脚。他把弟弟安置在下边的台阶上，紧靠着坐下，然后指着季卡罗德的车子说:“看见了吗——就像我在楼上跟你讲的一样，很漂亮对不对?这是他哥哥送给他的圣诞节礼物，他不用花一分钱！将来有一天我也要送你一部和这一样的车子，你相信哥哥吗？”

男孩的弟弟望着哥哥使劲地点了点头。

季卡罗德的眼睛湿润了，他走下车子，将小弟弟抱到车子前排座位上，他的哥哥眼睛里闪着喜悦的光芒，也爬了上来。

于是三人在一起过了一个愉快的圣诞节——这个圣诞节是季卡罗德最难忘的圣诞节，从这一对贫穷的兄弟身上，季卡罗德看到了自己和哥哥童年的影子。

（佚名）

踩着落叶上学的孩子

生活对我们来说不过是意味着身上有二三十块的衣服穿，高兴的时候能有一碗五块钱的牛肉面吃。但这一切已经足够成为我们坚持的理由。

国家奖学金下来了，整幢宿舍楼都忙了起来。评选规则：家庭困难，学习刻苦，上学年成绩优异，无手机电脑高档消费品的同学。林非看了看，写了份申请书。

几天后，拟定的人选公布出来了。林非看了看自己在二等位置，笑了。回到宿舍，关了门，同学都不在，一口气喝了一大杯水。把寝室门关上，电视开了，沿着桌边走了一圈；又把电视关上，走了一圈。拿起杯子，放下，走了一圈；拿起本书，又放下，躺在了床上。

同学们开门进来，带着些许的酒气。

“哎，林非，这次评选挺不错的嘛，居然有你啊！”

“算是给对人了，以后不用老借钱了，我倒是要向你借啊！”

“就是，就是，请客，请客。”

林非笑了笑：“现在还不一定吧，能把欠的学费还上就很不错了。”

“他妈的，李言怎么也评上了，主任不是说有手机的不能参加评选吗？”

“方梦不也是嘛比我还有钱，早知道我也去试试。”

“把我那破电脑砸了都值。”

熄了灯，大家躺在床上，又开始了每天的“卧谈会”！几人把公布名单上的每人都讨论了一遍。林非平时都不说话的，今天也插了两句。听着同学们都“呼呼”地睡着了，林非还是睡不着，又想起小时候和伙伴一起上学的情景：大家边说边笑、边打边闹地走在满是落叶的乡间小路上，清脆柔软的声音充满了所有的回忆。那是他最快乐的日子。

几天后，班主任通知开会。“这次主要是有同学反映说你们中的部分人有手机。你说是别人送的，或是同学的，我相信，但是别人不理解。”

“还有啊，大家要讲事实嘛，我觉得虽然在农村，一年少于四千都是假的。”

“不少同学欠费还不少啊，我就不信你们交不上那点钱。不交学费的是不是素质有点问题。”

“我想每个人都弄个表，把情况和原因都写出来，贴在楼下，这是对大家负责。明天下午之前没人反对就填表，之后大家反对也无效，没有什么意见吧？”

晚上，材料贴了出来，林非班上两个人的最简单。因为没有手机，没有电脑，不用什么理由去解释。家庭情况也只有一句：母亲残疾，父亲年老，都在家务农。相比之下，倒是每月生活费写的比别人高。

同学回来，一边脱袜子，一边说：“都是些啥啊，李言他妈的手机是我们六个一起去买的，怎么变成了叔送的了。”

“什么东西啊？”

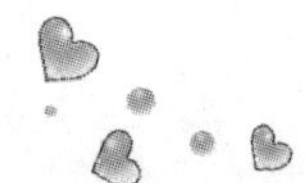

“就是下面贴的。”

“明天看看去。”

“林非，我觉得你的倒是简单得很哦。”

“是吗?”

晚上躺在床上，林非想起了自己家乡那些数不清的高山；想起母亲残疾的腿走起路来摇摆不定，就像是小时候努力去踩落叶的样子；想起父亲花白的头发；想起父亲的驼背；想起父亲的瘦小；想起在初中住校时，母亲把五块钱捏了又捏，递到半路又拿回，对递过来的情景，而自己也是从那时候开始写申请缓交学费。想起自己被知道和不知道的人评论，想起那些异样的目光，想起自己由拘束不安到慢慢坦然，想起自己就这样一步一步走过的日子……而这就快要结束。

第二天忙了一下午，把各种材料都写出来交了。材料一人一份，只能用原件，大家都小心翼翼的。林非想这么标准的材料都填了，名单也确认公布了，应该没有什么问题。

晚上林非躺在床上，听着同学们把公布材料的经典语句背诵了一遍，每句后面都是一阵笑声和不停的骂语。林非想起自己在大一时候的不及格，后来每天学到12点以后，通过自己努力，大二上学期终于有了三等奖；下学期更进了一步,拿了二等奖。想着自己所取得的成就,想着自己的愿望通过自己的努力交清学费就要实现；想着自己每次考试都那么战战兢兢，生怕一落后就没有资格申请;想着自己所努力的一切就要实现,他禁不住有点兴奋起来,在床上翻了翻身,还是觉得不够,又做了几个俯卧撑。

两天后的星期一中午，班长和林非被叫到了办公室。

“你上学期有不及格科目，你自己不知道吗?”

“上学期三等奖，下学期二等奖，怎么会呢?”

“我看看，哦，那是你补考大一的英语科目。”

“可那是大一的啊，不是说只看一年的吗?”

“可你是在今年补考大一的，我觉得不行。不在今年补考就可以了。”

“可我在大二上学期被评上了学校的奖学金，而且上学期也被评上了。”

“学校的奖学金只有几百块钱，国家奖学金有几千块钱，怎么能比呢?”

“可是我真的非常想申请到。”

“这么多写申请的人，我觉得不少都符合条件，都是想申请到的。”

“我已经用了百分之百的力气学习，就是想申请到——”

“你这种想法就不对。”

“我真的非常想申请到奖学金还上学费。”

“现在政策很宽大，实在交不起学费可以休学嘛。”

林非嘴角动了动，说不出话来。后退一步，靠在了办公桌上，班长上前说：“他家里确实比较——”

林非感觉什么也听不见，不禁向窗外看去。窗外梧桐叶在秋风中飘落，美丽而凄然！林非笑了。

晚上，林非在偌大的校园转了一圈又一圈，感觉像是老牛吃了一大包不能消脂的稻草，想喊，但是没有声音。走走，停停，再跑跑，累了，坐在教室的角落，给朋友写了封信：

“我们这群踩着落叶上学的孩子，如果不那么坚持上学，在我们眷恋的土地上像祖辈一样终其一生，我们是否会多一些骄傲和自尊。在这个干净的城市，总是踩不到落叶，踩不到大地，踩不到路。”

不久，朋友回了信：

“生活对我们来说不过是意味着身上有二三十块的衣服穿，高兴的时候能有一碗五块钱的牛肉面吃。但这一切已经足够成为我们坚持的理由。”

（佚名）